传统养生的茶饮，

很多不是用普通茶叶，而是采用食材，

或是药食同源的保健中药来配制，

小孩、孕妇等不能喝茶的人也可以选择饮用。

茶包小偏方，喝出大健康

下 顺时强身篇

陈允斌 / 著

吉林科学技术出版社

目录

三伏长夏体质保健小茶方

 秋季体质保健小茶方

八 女性保养小茶方

九　男性保养小茶方

十　儿童养护小茶方

十一　老年养护小茶方

十二 小食材，大功效
——35种适合配保健茶的家常食材

一

春季体质保健
小茶方

立春—谷雨

春天保养的重点是舒肝气、补脾胃。

五行中，肝是属木的。春天草木萌发，肝气也升发起来了，要给它一个疏泄的通道，不要压抑自己的心情，要尽量做自己喜欢的事情，吃喜欢的东西，如此才能顺应春天的升发之气，促进人体的新陈代谢，吃下去的东西才会转换成能量，让我们精神十足。

春吃甘，脾平安。

脾为气血生化之源。春天可以多吃甘味食物，甘味入脾，最能调和脾胃、补益气血。养好脾胃，气血充足，才能为整年的健康打下坚实的基础。

甘味可以调和一切味道。我们在搭配茶饮的时候，在酸味的茶饮中可以加些甘味，能增强滋阴的作用；在辛味的茶饮中加些甘味，能增强补阳的作用。

读者评论 ┄┄┄┄┄┄┄┄┄┄┄┄┄┄┄┄┄┄┄┄┄┄┄┄

1. 这一年跟着老师顺时生活收获颇丰。便秘解决了，春天花粉过敏引起的鼻炎也没有再犯，几次不小心感冒也被葱须姜水治好了，今年秋天还能穿裙子，不怕冷了。

　　　　　　　　　　　　　　　　　　　　　　　　　　——读者朋友

2. 我有湿疹，旧疾了。1995年梅雨天时在海边落下的毛病，每年都会犯。今年跟着老师顺时生活，学会不少养生知识，顺应天时，择机而食。老毛病好了许多，今年基本没犯。

　　　　　　　　　　　　　　　　　　　　　　　　　　　　——行者

　　陈皮搭配蜂蜜，既健脾又舒肝，还能养胃，是很适合春季全家人饮用的保健茶。

蜂蜜陈皮茶

【原料】

川陈皮半个、蜂蜜2勺。

【做法】

1.陈皮洗干净，放入随身杯。

2.冲入沸水，闷30分钟。

3.待水晾温后，加入蜂蜜，搅拌均匀饮用。

【功效】

1.健脾舒肝。

2.养胃。

| 允斌叮嘱 | 有胃溃疡的人可以将蜂蜜用量加倍。 |

 →

1. 今年整个春天都经常喝蜂蜜陈皮茶，胃很舒服，饭后感觉消化都变好了。以前咽喉处总有白痰，感觉吐不尽，现在也悄悄地好了。大爱这款茶饮！

——海燕

2. 胃一直不太舒服，吃饭后容易胀气、嗳气，去医院看了也没有什么用，胃镜做下来就是普通的胃炎。用了老师的蜂蜜陈皮茶后感觉好很多，而且川陈皮品质特别好，现在胃舒服很多了！

——Spring

3. 去年春天，可能是受了寒，胃疼得厉害，严重到有一天晚上到医院挂急诊。回到家里，我想起允斌老师的小茶方——蜂蜜陈皮茶，当天就煮了一碗喝。喝下去，胃里暖暖的，很舒服。后来，我又坚持喝了一周，胃完全好了。今年春天，我有时因为吃了生冷的食物，或受了凉，胃不舒服，就及时煮一碗喝，喝下马上就见效，真的很神奇！

——杨杨

4. 绿茶、陈皮加蜂蜜非常好，今年春天没再犯困，而且加了陈皮后也不怕绿茶寒凉了，胃口也好！

——情寒秋

这是一道芳香的花草茶，不论男女，春季都可以喝，特别是学习压力大的学生、工作压力大的办公室人群可以常饮。情绪不稳定，时而急躁、时而低落的人可以四季饮用。它对血脂高、脂肪肝的朋友也有很好的保健作用。

玫瑰柠檬茶

【原料】
干玫瑰花120朵、干柠檬片30片、红糖20块。

【做法】
1. 把全部原料分成10份，分别装入10个茶包袋。
2. 每次取1袋，沸水冲泡，闷5分钟当茶饮，可以冲泡3遍。

【功效】
1. 有的人肝火重，影响到胃，导致口气很重，多喝玫瑰柠檬茶能消除口气。
2. 调理肝火引起的春季睡眠多梦。
3. 常喝能让皮肤更白，淡化脸上的斑点。
4. 玫瑰既养肝又养脾，能舒肝理气、缓解忧郁，又能活血养血。柠檬也是理气的，能健胃、缓解胃痛。

允斌叮嘱 女性生理期喝这个茶方，要去掉柠檬。

1. 春节后我总是半夜醒来无法入睡，即使睡着了也一直做梦。想起老师说的后半夜多梦是由于肝火造成的，我就坚持喝了几天玫瑰柠檬茶，果然有奇效。

——阿雪

2. 喝了玫瑰柠檬茶，大便次数多了，皮肤确实亮起来了，同事说我变白了。

——HM

3. 先生最近睡眠不实，火气大，给他喝了几天的玫瑰柠檬糖水，症状明显好转。

——心飞扬

4. 感觉睡眠不太好就喝玫瑰柠檬茶，喝了几天逐渐就好了！

——百合

5. 我正到了更年期阶段，肝火旺盛，脾气越来越大，喝了一段时间感觉脾气有所好转！

——阿莲

6. 这个茶方特别好。我感到口苦，马上冲来喝，喝完之后当天有效。

——小红

7. 我口苦有半年多，吃药也不管用，没想到喝到第二天，口就不苦了！

——刘雪峰

8. 玫瑰柠檬茶特别减压，对心情也有很好的调节作用。我最近压力特别大，每天晚上都会喝，感觉虽然着急，但是情绪没有崩溃，而且喝了几天，皮肤也亮了一点。

——李曼婷

9. 玫瑰柠檬红糖茶是我第一个实践的茶方，用起来方便，而且解决了我经期血块、情绪低落的问题，还推荐给身边的朋友，他们也坚持喝，效果很好！

——泡沫

10. 前几天因为孩子不听话发火了，当天晚上半夜喉咙开始痛，第二天头顶痛。问了群里的姐妹，估计是肝火旺，连续喝了四天玫瑰+柠檬+红糖，现在已经好了。以前不知道上火也分肝火、肺火、胃火，幸好遇到这个大家庭，感恩！

——芝麻

11. 我之前有一些失眠，早上起来会口苦，喝了玫瑰柠檬蜂蜜水很有效果！我以前只喝玫瑰花茶，加了一片柠檬和蜂蜜，没想到效果这么不同！

——黄小玲

12. 用老师的茶方玫瑰柠檬茶，喝了两天，眼睛终于正常了。

——大良叉车陈

13. 昨天午睡醒了莫名头痛，我一开始认为是中暑了，就喝了藿香正气水，但不见效。赶紧搜索以前收藏的陈老师的视频，仔细看了几遍，发现是肝火太旺导致的头痛。立即用玫瑰花12朵、干柠檬片3片、茉莉花3克泡水喝，一杯下去头痛就减轻了。喝了两杯，头痛好了。

——3群小花

　　我喜欢把荠菜比作"菜中之甘草"，因为无论是味道，还是药性，都很平和、很百搭，是维持人体寒热平衡的好帮手。

　　荠菜既不偏寒也不过热，能祛寒，却不会引起内火；能祛热，却不会导致寒凉伤身，可维持人体的寒热平衡。荠菜入胃经，可以降胃火，又不苦寒伤胃；它入小肠经，可以清小肠火，调理小便不利；它入脾经，可以利湿健脾。

　　各种体质的人吃荠菜都有好处，全家人从八个月的小孩到八十岁的老人，都能用得上。产妇吃还能预防月子病。

荠菜水

【原料】

荠菜。

【做法】

1. 将荠菜晒干，掰成小段，装入大号茶叶罐。

2. 每次取10～30克左右，用沸水冲泡，闷10分钟后饮用。有条件煮水更佳（冷水下锅煮7～8分钟）。

【功效】

1. 祛陈寒。

2. 降胃肠之火，利湿健脾。

3. 老年人吃荠菜，有助于降血压，通利小便，预防白内障。

4. 经常牙龈出血的人，平时可以多饮。

允斌
叮嘱

女性经期不饮。

1. 我女婿感冒发烧，吃了荠菜花干煮水，第二天烧就退了。真的很神奇! 感谢陈允斌老师的无私奉献。

   ——许可wxl

2. 今天煮的荠菜水，竟然将严重的咳嗽、痰多、鼻涕多、咽喉痒的症状调好了，真是神奇的菜，哈哈哈。

   ——禾惠

3. 老师说得对，南方真的多荠菜，可惜没人懂，都是当草拔掉。还好我跟老师顺时养生，我就去采回来煲水给宝宝喝。他有便秘，有眼屎，嘴唇红，但只喝了小半碗荠菜水，第二天就没眼屎了，比药店的小儿去热冲剂还管用。以前不懂，现在懂荠菜了，不花一分钱还让宝宝去积食，真的是天赐荠菜啊。

   ——紫缘物语

4. 这次我们全家人都感冒了，喝三四天的荠菜水全好了。除了打喷嚏和鼻塞，其他后遗症都没有了，以往我和孩子都会咳嗽得很厉害。这个荠菜水太神奇了。

   ——5群读者

5. 这两天我儿子突发高烧，我用推拿加荠菜水给他退烧，今天完全好了，胃口大开，吃了很多饭。下午还给他煮了白米粥，胃口很好，晚上也吃了饭。

   ——41群班长

6. 晚上吃完饭觉得左耳孔鼓胀，气管压抑想咳嗽，像是要感冒的感觉。班长就建议我喝荠菜水，马上煮来喝，半小时后就缓解了。每次都能深刻感受到荠菜水的神奇功效。

   ——闻香识人

7. 老爸常年凉风一吹就流清鼻涕，喝了两天荠菜水就不流了。

   ——蓝天白云

8. 我一直口气重，牙龈出血，喝了一段荠菜水居然好了。

   ——随遇而安

9. 今天发现连喝三天老荠菜煮水之后，因得急性肺炎而遗留在我嗓子里的痰竟然没有了，好开心。顺时生活，贵在坚持。

   ——Duanhp

10. 我吐了快两年的白痰了，试了很多方法，平时也很注意饮食，但是效果都不佳。前段时间喝了两个星期的荠菜水，白痰明显少了很多!

    ——多多

11. 喝了荠菜水3个小时后肚子有点不舒服，去洗手间排便，明明早上有过一次，现在又有，而且还是早上两倍的量，排完一身轻松，感觉把这几天的肠道垃圾都清除掉了。想不到荠菜水还可以帮助排便呢，真好!

    ——小兵

12. 今天给孩子煮了荠菜水，宝宝说："妈妈，怎么喝完了就要上厕所啊！"我告诉他："这是可以帮助你排毒的！"他似懂非懂地点头，我哈哈大笑。可能宝宝肚子有点胀气吧，所以喝了荠菜水就把浊气排了！

——简单着幸福

13. 外孙昨天有点感冒，从昨晚开始给他喝荠菜水，一直到今天喝了很多次，基本没有吃药。看着好多了。

——秋日私语

14. 我发现我喝了荠菜水，今天感冒好多啦，开心。

——小零蛋

15. 我坐月子时受了寒，手脚就像针扎一样疼。老师说用荠菜煮水，喝一次就好。我就让我婆婆给我煮了一碗喝，过了几天真的好了，一点感觉都没有啦。感谢老师。

——10群杨杨

16. 好多年前，我在山上的泉水里受寒了，所以一到夏天小腿就会凉。现在感觉好多了，应该是喝荠菜水祛陈寒的功效，姜枣茶又继续祛寒，这个效果太惊喜了。

——41群似水流年

17. 今天下午孩子放学回来，感觉他鼻子不通气，好像有点风热感冒。煮了浓浓的荠菜水给他喝了，睡觉前没听见鼻子不通气的声音了。

——Angel

18. 我属于寒性体质，但特别容易上火，只要吃热性的食物，半个小时左右，说话就会不方便，舌头起泡。后来找了一位中医调理，吃中药后，我发现体内痰特别多，不夸张地说，整整吐了半年的痰，随时都想吐。前年正好听到老师的音频，说荠菜水煮蛋祛陈寒，我吃了半个月后，发现痰竟然没有啦。所以，每年有荠菜的季节，从嫩的荠菜一直吃到开花结籽。我身边的朋友，也都养成了每年吃荠菜的习惯。

——47群读者

19. 喝了两天荠菜粥，早起大便很通畅。

——越來越好

20. 今天改吃荠菜煮鸡蛋。我发现每次只要吃荠菜蛋糊，大便就特别顺畅。我的便秘问题都解决了。

——May

21. 昨晚胃部受凉，难受，半夜爬起喝了一杯预备早餐吃的荠菜煮鸡蛋的水，舒服很多。今早继续喝了一大碗荠菜水加鸡蛋，恢复。

——周晓玲

22. 连续吃了大半个月的荠菜，今天试试荠菜煮鸡蛋。每天只能消化一个，所以只煮了四个。以前从来没喝过荠菜水，只吃蛋。第一次这样吃，加了红枣和生姜。跟着陈老师学习，慢慢实践，普通的荠菜水竟然治好了多年的牙龈出血。感恩！

　　　　　　　　　　　　　　　　　　　　　　　　　　　　——邓沛晴

23. 小孩有些流鼻涕，头晕，喝了一杯荠菜水，第二天就好了。感谢老师的良方。

　　　　　　　　　　　　　　　　　　　　　　　　　　　　—— Rachel

24. 昨天起床感觉嗓子疼，刚好家里有晒的干品，马上去抓了一把煮了七八分钟，喝了两碗，喝完当时就感觉好点了。今天早上醒来，感觉嗓子不疼了。感谢陈皮班长，感恩陈老师。

　　　　　　　　　　　　　　　　　　　　　　　　　　　　——6群读者

25. 连着喝了七天的荠菜水，舌头两边的齿痕浅些了，好开心！

　　　　　　　　　　　　　　　　　　　　　　　　　　　　——小玉

26. 昨晚感觉舌头有点疼，好像要破了，马上煮了老荠菜水喝，今天早上空腹又喝了一大碗，到中午舌头就完全好了。荠菜真的很神奇，效果这么好。如果不是自己碰上，谁也不相信。

　　　　　　　　　　　　　　　　　　　　　　　　　　　　——桂

27. 早上起来感觉嗓子有点痒，还咳嗽了几声。赶紧煮了荠菜鸡蛋汤喝，现在不咳了。神奇的荠菜！

　　　　　　　　　　　　　　　　　　　　　　　　　　　　——猪猪

28. 昨晚洗澡受凉了，今早起来嗓子疼，赶紧煮了荠菜水喝下去，2个小时后症状慢慢消失。又煮了鱼腥草水巩固一下，把感冒的苗头扼杀在摇篮里。真是见证奇迹的时刻！ 以前都是春天吃几次嫩荠菜就算应季了，从老师这里知道了吃荠菜的多种好处。从二月到如今，不断地吃，还推荐给身边的朋友，大家都受益匪浅。牙龈出血的症状消失了，感冒也躲得远远的。

　　　　　　　　　　　　　　　　　　　　　　　　　　　　——碧水蓝天

29. 今年从还没开春就开始吃荠菜饺子、荠菜炒蛋和有荠菜的春盘菜，春天的流感和我们一家人擦肩而过。

　　　　　　　　　　　　　　　　　　　　　　　　　　　　——桐箪点

30. 困扰我很长一段时间的白痰，昨天开始几乎快没了，嗓子也舒服多了。这段时间又是陈皮橘络茶，又是甘草乌梅茶，效果一直不太好。上周买了两元钱的荠菜，一半包了饺子，剩下一半放得叶子有点发黄，心想扔了可惜，就每天中午用荠菜煮水下面条吃。连着吃了三天，昨天白天突然感觉嗓子好舒服，几乎没痰了。于是今天又去挖了点荠菜，继续煮水下面条。白痰是寒痰，这应该就是荠菜祛陈寒的结果吧。

　　　　　　　　　　　　　　　　　　　　　　　　　　　　——3群读者

31. 这个方法我用了两年了。儿子3岁那年大便干，给他吃了一些泻火药。谁知道孩子小，那东西寒凉，孩子喝完拉痢疾了。我看过陈老师的文章，到野地找了几棵荠菜煮水给孩子喝，一天后痢疾好了，很神奇。

——舒一

32. 小宝昨晚半夜发烧了，想到家里还有荠菜和鱼腥草，立马起来给小宝煎水喝。喝了大半碗，到1点左右，烧就退了。早上起来又喝了一碗，高高兴兴上学去了。老师的方子真的太好了。原来一遇到小孩生病自己就慌了，现在能沉着应对了。

——薏薏草ぐ

33. 那天流清涕、鼻痒，吃不准是风寒感冒还是风热感冒，班长让我喝荠菜水，我回家喝了两碗，第二天还有一点鼻痒，打喷嚏，到了下班差不多好了，也就不喝了。荠菜水可真灵。

——45群亚平

34. 月经淋漓不尽，喝了两天荠菜水，月经走干净了。我用了二十棵荠菜煮水，效果太好了。

——5群开门大吉

35. 之前就知道荠菜很好，但从来没有重视过。煮了几次水喝，我小女儿说，这野菜水还挺好喝。我大女儿每次刷牙都会牙龈出血，已经几年了，这才喝了三次荠菜水，这两天我问她刷牙是否还会出血，她说没有了。真是太神奇了!

——51群雷雷

36. 上个月宝宝发烧，身上怕冷，烧到39℃。听婆婆说是因为在学校衣服穿少了，又上篮球课吹了风。分析是风寒感冒，弄了荠菜水，以及生姜葱白陈皮水，喝完当晚退烧，第二天就好了。昨天晚上又发烧了，这次不怕冷，看上去蔫蔫的。先煮了荠菜水，退了点烧，但是没有完全退下去，喉咙有点痛，估计是风热感冒，赶紧弄了点葱花豆豉汤，又给他吃了番茄拌白糖，吃完烧就退了。早上起来已经不怎么发烧了。

——40群读者

37. 昨天到今天吃了两顿荠菜饺子，一顿荠菜汤，我和女儿眼睛都好了很多。

——50群佳加佳

38. 小女儿前天夜里发高烧，我直接给煮了蚕沙竹茹陈皮水。当时她只喝了三口，就不喝了。不过，第二天依旧退烧了。还有点咳嗽，有黄鼻涕，我煮了荠菜鱼腥草水。她中午喝的，下午就好多了。感谢老师，我们才能好得快，少受罪!

——澜羽计明蓉

39. 牙疼了好多天，嘴巴里烂了一块。喝罗汉果茶、蜂蜜水都无用，最后还是喝了两天荠菜水救了我。平常的食材这么管用。我奶奶饮食清淡，很少买菜，就吃各种野菜加自己种的几种菜，身体很少出毛病。

——31群武楠

40.煮荠菜水,煮了一个罗汉果,泡了鱼腥草茶,喝完之后感觉嗓子好多了。

——李荣芝

41.荠菜水基本每天都喝,这次经期没像以前一样感到后背发冷,反倒是全身暖烘烘的感觉。真是多谢老师和伙伴们。

——19群读者

42.湿气太重了!寒气也重,荠菜水不能停,祛寒养胃很舒服!

——冉冉妈妈

43.今天喝了牛蒡茶和荠菜水。原本有点感冒,嗓子不大舒服,现在好多了。

——艳杰

春天是刮风的季节，我们通常受风比较多。因此，春天的感冒，一般偏向于风重，其表现就是头晕。

春天的感冒容易转化为风热感冒。

我们可以喝点甘草薄荷茶来疏散风邪，预防风热感冒。

甘草薄荷茶

【原料】
1小把薄荷叶（新鲜的更好）、2小片甘草。

【做法一】
用干薄荷叶的做法：将干薄荷叶和甘草放入杯中，用开水冲泡，10分钟后就可以喝了。

【做法二】
用鲜薄荷叶的做法：先用开水冲泡甘草，盖上杯盖闷几分钟，等水温凉到60℃～70℃时，放入新鲜的薄荷叶，不要盖杯盖，过几分钟就可以喝了。

【功效】
1.预防风热感冒。
2.预防咽炎。

允斌叮嘱

甘草薄荷茶对嗓子也很好，常喝可以预防咽炎。它的用量没有太多讲究，想喝的时候，泡一杯当茶喝就行了。

读者评论

1. 陈老师书中的春季预防感冒茶（甘草薄荷茶），对孩子的帮助很大，基本没出现过感冒症状。

——DONG

2. 没想到薄荷也有舒肝解热的作用，昨天晚上和今天白天喝下去之后，心情真的好了很多，没那么烦躁了！家里大花盆中的薄荷，我要派上用场了。

——星空

春困秋乏是身体亚健康的表现。春季气温由冷变暖，人体容易感到困乏，主要是因为气温升高时人体的血液涌向体表，大脑和脏腑就会缺血，使人容易困倦，甚至头部有发胀的感觉。

如何防止春困呢？不妨试试醒神健脾茶。这道茶方有防止春困"困"住脾的功效，使人神清气爽，还能化痰止咳，消除胸闷和腹部胀气的感觉。

醒神健脾茶

【原料】

竹茹30克、炒麦芽50克、山楂100克、川陈皮100克、桑叶50克、红糖20小块。

【做法】

1. 把原料分成10份，分别装入10个茶包袋。
2. 每次取1袋，冲入沸水，闷20分钟后饮用，可以反复冲泡。有条件煮水更佳。

【功效】

1. 健脾胃，促进食欲。
2. 醒脑清目，调理头部发胀、全身困倦。

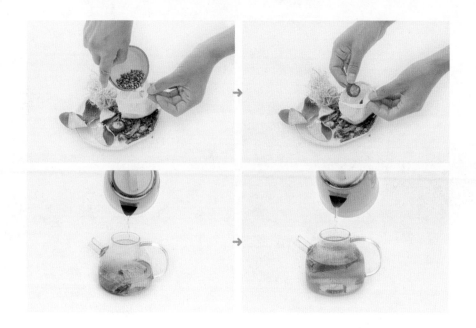

允斌
叮嘱

以上是一天的用量。可以一次买7服，连喝五至七天，余下的可以留在家里备用。这几味药能够保存很长时间，需要的时候，可以随时拿出来喝。

读者评论

1. 今年春天我还使用了醒神健脾茶，没有加山楂和冰糖，每天煮，连续喝了十天，最大的感受是早晨出门时迎风流泪的症状有改善，精神有改善，有想吃东西的感觉了。

——虎仔

2. 醒神健脾茶，舒肝健脾。我喝了几天，感觉身体特舒服。

——如意

3. "春眠不觉晓"，一整天都头脑发昏，下午困得眼睛都睁不开，明明前一天晚上睡得很充足的。找出陈允斌老师的茶方，立马操作起来，上午喝下去下午竟然一点都不困了，耳清目明，精神得很，比喝咖啡还管用。

——JOJO

二

夏季体质保健小茶方

夏至—大暑

夏天保养的重点是养心阴、宣肺气。

在四季中，夏天是属火的，人的心火也最旺。心火旺，人出汗比较多。汗为心之液，出汗多就会伤到心阴，人就会心烦、失眠，感觉心脏负担重。心火过旺，还容易上火。所以夏天要喝一些养心阴、补气、止汗、降心火的茶饮。

夏吃辛，养肺金。

肺主皮毛，天热时人体毛孔是张开的，最容易感受外邪。辛味发散解表，能帮助我们祛除外感病邪，不让它们停留在体内作怪。辛味的食物又分辛温和辛凉。辛温（姜、葱、茴香等）解风寒，辛凉（金银花、薄荷、桑叶等）解风热。夏天可以多用这些食物。

读者评论

1. 从立夏开始喝姜枣茶，三个人喝，每天早餐吃一个核桃壳煮鸡蛋、两碗顺时粥。十年前从电视节目里认识陈老师，真正跟老师顺时生活快两年了。我之前头上像顶了千斤，身上像灌了铅，现在神清气爽，身轻如燕，健步如飞。

   ——13群读者

2. 夏季的姜枣茶、核桃皮煮鸡蛋，冬季的银耳枸杞粥，我母亲已坚持四年了，感觉真的挺好的！女儿也和姥姥一起喝，皮肤也见好，脸上的痘印都少了！

   ——媛媛

3. 从去年秋天开始跟着允斌老师顺时养生，差不多一年了，今年夏天过得特别舒服，没有苦夏一说。一直坚持喝荷叶茶，身体变得轻松很多。贴了三伏贴，坚持喝乌梅汤，喝玫瑰红糖水，调理好为秋冬进补做准备。只要顺应自然，顺应节气去吃，相信身体会越来越好。

   ——霄蓉

中医四大经典之一《伤寒论》中，有一个名方，叫作"桂枝汤"，被尊为古今"群方之首"。医界流传，"桂枝汤加减治万病"。这么神奇的药方，其实总共只有五味药，其中两味是生姜和大枣。

不仅如此，在《伤寒论》的113个药方中，有55个药方都用到了姜、枣，其中33个是姜、枣合用。

姜和枣都是良药，它们配在一起更是绝妙，有互补的作用：大枣生湿，生姜祛湿；大枣止汗，生姜发汗；大枣补气，生姜散气。配在一起使用，可以健脾护胃、补中益气，提高人体的抗病能力和自愈能力。

每年在立夏到三伏前一日这段时间，可常喝姜枣茶，排出寒湿，发散体内的病气，有助于安然度过盛夏。

神仙姜枣茶

【原料】
大枣6个、小黄姜3片。

【做法】
1. 沸水冲泡，保温杯闷30分钟后饮用，可以反复冲泡。
2. 有条件煮水40分钟以上饮用更佳。

【功效】
1. 排寒湿，调理手脚冰冷、月经推迟，暖脾胃，补血，调节消化功能，增强抵抗力。
2. 使手足皮肤柔润。

【姜枣茶的搭配】
1. 气血虚的女性：多加红糖。
2. 肠胃不好的小孩：加麦芽糖。
3. 腹泻：加绿茶。
4. 怕上火：多加枸杞子。
5. 湿气重：加牛蒡、罗汉果。

1. 一般的人喝到入伏之前。整天待在空调房间的人整个夏季都可以喝。

2. 红枣最好把皮捏破再泡，更容易出味。

3. 一定要热着喝，不能喝凉的。

4. 过午不食姜。最好是上午把它喝完，不要超过中午。

5. 内热重（比如上火、口舌生疮、咽喉肿痛等）、皮肤病发作期（比如湿疹）、女性孕晚期、女性生理期经量超多、伤口未愈合者不要喝。

读者评论

1. 每年立夏都喝这个，喝了有好几年了。喝了特别舒服，按照老师的话说，就是发散了体内的邪气，夏天就比较好过，没有那么难受了。喝了这个不长痘了，我长的是成人痘，特别是下巴一直长，没有断过，从立夏喝到三伏前一天，不仅下巴的痘痘不长了，整个脸上都不长痘痘了，太神奇了。

　　　　　　　　　　　　　　　　　　　　　　　　　　　　——简单

2. 我和家人是寒性体质，常喝的就是姜枣茶，喝了3年的姜枣茶（除了秋季）。第一年喝的时候还时好时坏的，第二年就好多了，今年再也没听见老公清嗓子的声音了，以前他吃点凉东西就咳得难受。我喝了后会出汗了，舌头也没以前白了，冬天没那么怕冷了。只是孩子住校不能常喝。现在姜枣茶成了我家的最爱了！

　　　　　　　　　　　　　　　　　　　　　　　　　　　　——瑰

3. 我是2013年春天买的《茶包小偏方，喝出大健康》这本书，当时爱人正犯老胃病，他这胃病已经好多年了，每年春秋都会犯几次，严重时疼得整夜睡不着觉，我就想翻书看看有没有小茶方可以帮到他，看到姜枣茶有暖脾胃、调节消化的功能，并且材料家里都有现成的，我就每天早晨给他煮姜枣茶喝，第一天喝他就说胃里暖暖的，舒服。这样一直坚持喝，春天快结束时开始喝的，到秋天时他的胃病再没犯。连续喝了两年，没想到竟然把他多年的老胃病喝好了。到现在已经好几年了，他的胃病再没犯过。他自己都说太神了，他这胃病不知吃了多少药，进口的、国产的，中药、西药都没吃好，竟然让这么简单的姜枣茶给喝好了。

　　　　　　　　　　　　　　　　　　　　　　　　　　　　——伟

4. 姜枣茶，2018年坚持从立夏喝到进伏，身体明显改善，头不昏沉了，便秘好转了，口腔溃疡基本消失了，身体很清爽。

　　　　　　　　　　　　　　　　　　　　　　　　　　　　——观心

5. 特别分享一下姜枣红糖饮，喝了三天，肚子有一些咕噜噜的感觉，排便次数增加且不成形，从排便味道和排便后的感受等，感觉是排出了积存在身体里较久的东西，身体顺畅了一些。之后还感觉身体没那么怕冷了。以前别人穿T恤了，我还穿毛衣，喝了几天姜枣茶，我也能跟上天气的节奏，想换掉毛衣穿长袖了。

　　　　　　　　　　　　　　　　　　　　　　　　　　　——微笑的心态

6. 去年夏季按老师说的时间坚持每天喝姜枣茶，让我夏季总犯的头风病好了很多。以前夏季电风扇都不能吹，吹一点儿风就头晕、头痛得厉害，姜枣茶真的让我舒服多了。

——静静

7. 食用两三年姜枣茶了，感觉自己畏寒怕冷的毛病有了很大的改善。以前不敢吃凉东西，比如香蕉、西瓜等，吃了肚子就疼或拉肚子了，肚子里有很多的冷气，现在吃了凉东西也没有什么感觉。

——草莓芒果

8. 我是寒湿体质，胳膊上容易长许多小水泡，又痒又痛。按照老师的方子，我坚持喝了一个夏天的姜枣茶，便溏、身体沉重、小水泡等症状现在都慢慢消失了。

——随缘

9. 去年我是一个人喝了姜枣茶，今年邀请家里人一起喝。每天晚上把枣和生姜准备好，早晨起来就开始煮，等到快出门上班时喝满满的一杯。大家都反映很好，尤其我的丈夫，虚胖，姜枣茶和陈皮荷叶茶交替喝，感觉身体轻巧了许多。

——粒粒肥

10. 对我来说姜枣茶最好用，我是气滞血瘀体质，之前每次来月经有很多血块。喝了几年姜枣茶，和老师一起顺时生活，现在没有血块了，月经还算准时。

——Jenny

11. 姜枣茶，刚喝有点上火、牙疼，配合荠菜水喝就没事了。

——天道酬勤

12. 姜枣茶加了罗汉果之后特别好喝，而且人很精神，很舒服。

——李曼婷

13. 连续喝了三年姜枣茶，第一年喝完下巴痘痘就没了，手脚冰凉也有好转，抵抗力也强了，没有那么爱感冒，之前一受风就感冒，特别严重的那种，现在坚持了3年，再也没碰过感冒药。今年已经第4年了，继续！

——余墨有香

14. 夏天喝几次姜枣红糖饮后，感觉往年夏季总出现的浑身无力现象再没有出现了。

——晓娜

15. 姜枣茶，对于虚寒体质有很大帮助。分享给周围的人，也都在自己做，反响不错。

——布衣程

16. 姜枣茶，去年坚持了一夏天，感觉棒棒哒，而且对瘦身有帮助，对体质也有很大的改善。秋冬时我的感冒明显少了。今年继续坚持！

——Angel

17. 已经坚持喝了两年姜枣茶，感觉身体很舒服。今年继续坚持。

——一米阳光

18. 昨天早上起床开始打喷嚏,空腹喝了姜枣茶,下午打喷嚏好点。今早接着喝姜枣茶,打喷嚏彻底好了。

——幸福团圆

19. 去年坚持喝了两个多月,很舒服,手上起水泡、痒痒的毛病不治而愈。感恩遇见陈老师!这个毛病困扰我许多年,每到梅雨季就发作,水泡奇痒无比,一挠就破,流黄水,流到哪发到哪,找了好多大医院都无法根治,没想到陈老师的姜枣茶给治得妥妥的!

——小叶子

20. 喝了姜枣茶,身体有改善的人体会最深。去年喝了两个月,治好了胃病。感恩。

——木子Shirley

21. 自测是寒湿体质,这几天热感痰多、流鼻涕,但双脚却冷得不行,喝了姜枣茶后,双脚居然不冷了,痰也更容易咳出来了!

——杨柳丽

22. 按老师的方法喝姜枣茶,我感觉非常舒服,没有以前那种在空调房甚至吹凉风怕冷的感觉,现在我出差都带上养生壶煮姜枣茶。

——微笑

23. 姜枣茶,已经成为我的最爱。在我的带动下,公公婆婆都开始喝了!现在天气炎热,孩子们总是嚷着要吃雪糕。经不住孩子们的死磨硬泡,我会同意他们吃,但是我也会加一个条件,就是吃完雪糕必须喝一杯姜枣茶。

——灭绝师太

24. 从去年开始就跟着老师的提示,喝了整个夏天的神仙姜枣茶,居然瘦了5斤,太惊喜!老师说,喝姜枣茶瘦的不是脂肪,而是身体里的浊水。跟着老师用最简单的食材,把全家人的身体养得棒棒的!

——一缕晨曦

25. 去年坚持煮了两个月的姜枣茶,全家人只有我一个人坚持每天喝下来了,最大的收获是去年夏天到现在一次感冒都没发生在我身上,而老公、孩子感冒了好几次,我觉得与喝姜枣茶是有密切关系的。还有就是以前温度稍微下降,就会哗哗地流清鼻涕。连续喝了两个月姜枣茶之后,至今都没再流过,我觉得肯定是姜枣茶的功劳,把我体内的寒气排掉了不少。

——may*wa

26. 姜枣茶太神奇了,我家这几年每年从立夏开始喝姜枣茶到三伏天前一天,我体内的寒湿气排出去好多。以前不流汗,现在会流一点汗,夏天不会感觉那么热,我家夏天基本不开空调。

——玉兔

27. 我去年连续喝了六十六天的姜枣茶,最明显的就是跟随我几十年的下巴长痘的情况好了,去年就没有痘了。感谢神仙姜枣茶!

——娜梦

读者评论

28. 姜枣茶太神奇了！我和老公都喝，原来总感觉很疲倦，现在我俩精神特好！体重也减下去了，气色也好多了。

——流心雨

29. 从2014年第一次喝，两个月瘦了20斤，感觉整个人都清爽了，显年轻。去年生了二宝后身体虚了，现在继续喝姜枣茶，又跟着老师顺时生活，我会越来越好。感恩老师。

——勤劳的小蜜蜂

30. 我湿气特别重，这两年一直跟着喝姜枣茶，效果确实不错，明显能感觉到腿脚轻便了许多。感恩陈老师。

——ggsinging

31. 一直坚持喝姜枣茶，我都是提前几天煮45分钟，然后放进冰箱保存，每天早晨喝。之后再把姜枣带到单位，一上午泡水喝。最明显的改变是舌头上的齿痕快要没有了，我的齿痕有二十多年了。每次喝完姜枣茶，身体暖暖的。

——阳阳

32. 已经坚持喝姜枣茶半月有余，最大的收获是小腿（脚踝以上，小腿肚以下）不怕风了，以前吹风扇吹一会儿小腿就不舒服，感觉风飕飕地往皮肤里面钻，每次都要在小腿上搭件薄衣服。最近深圳天气热，天天吹风扇，我发现我没这个毛病了，七八年的老毛病，就这么无声无息地消失了。

——惠

33. 老师，去年跟着您喝了一夏的姜枣茶，发现每年冬天的鼻塞和喉咙有痰好了80%，也没那么怕冷了，而且整个人瘦了一圈，真的效果太好了，爱你。还有我妈妈，也跟着一起喝了，然后她说今年冬天没有以前那么怕冷了。之前我的鼻炎，还有我妈妈怕冷的问题，都是怎么也治不好。

——郑琴

34. 我是属于体热的那种，冬天很少穿棉衣，也很容易上火，早上姜枣茶加牛蒡和半个罗汉果，三煎三煮40分钟到1个小时，再也没上火，很舒服。下午核桃壳煮鸡蛋，加速排尿，身体轻松了很多，困扰我多年的妇科炎症就这样不知不觉好了！这可能就是老师所说的，湿热造成的妇科炎症和白带异常。

——倩儿

35. 我喝姜枣茶十多天后身体的变化：①皮肤细腻了，之前毛孔粗大；②精力旺盛了，之前做一顿饭都累得不行；③大便变好了，之前都是溏稀或黏腻不顺。

——宁宁

36. 我是觉得喝完姜枣茶后肤色好了，上班前化好妆到下班依旧精致（以前下午就脱妆了）。正常吃饭，瘦了3斤。大便痛快，每天早上两分钟内排完。

——17群读者

37. 喝了十多天的姜枣茶，感觉大便通畅了。原来没少吃祛湿的药，没想到还不如跟随老师顺时生活来得明显, 相信会越来越好的。

——云淡风清Q

38.喝神仙姜枣茶十六天, 肌肤细腻了很多, 精力旺盛了。

——Winning

39.陈老师, 我突然发现冬天过去一半了, 我晚上睡觉再没有穿袜子, 而且一晚上脚都是暖烘烘的。不知道多少年了, 每年冬天我都是穿袜子睡觉的, 现在好了, 实在开心! 而且今年夏天是我过得最舒适的夏天, 以往夏天热却不能吹空调, 电风扇也不能吹, 吹一点点风, 就头痛、干热, 非常难受。坚持喝姜枣茶后, 今年夏天居然还吹了空调, 家人也觉得好神奇呢。认识您这么多年了, 您的每本书都买了, 就是自己懒, 这么好的食方都没有好好利用起来。这两年有了顺时生活日历, 督促自己, 进步不小。

——so what

40.我同事看我天天喝姜枣茶, 就问我这个调理哪方面, 我给她讲了好多姜枣茶的好处, 她信我了, 和我一起喝。还不到半个月, 一早和我说: "姐姐, 我喝姜枣茶有效果了。"我问她哪方面, 她说她以前月经老不爱来, 推迟, 这回正常了!

——珍珍

41.立夏开始姜枣茶没断过, 今年喜欢吹空调了, 不怕冷了。往年怕在办公室待着, 今年都不想出来。

——厚爱养生

42.我之前夏天不太出汗, 而且皮肤特别凉, 尤其是胃那里的皮肤, 夏天摸上去都是冰的。我最近一直坚持喝姜枣茶, 现在特别容易出汗, 今天无意间发现, 胃那块儿居然有了一些温度, 虽然还不及周边的温度, 但比之前好了许多! 更加坚定我每天喝姜枣茶的决心!

——阳光地带

43.从立夏那天开始煮姜枣茶和核桃壳煮蛋, 到今天十四天, 儿子昨晚不尿床了, 我的赘肉也少了。虽然体重有些许上升, 但感觉紧实了很多, 整个人都是轻松的。

——朗诗德

44.喝姜枣茶两周, 便便不黏马桶了, 身体轻盈了。

——游志娟

45.姜枣茶是最棒的! 今年立夏至入伏连续喝了七十六天, 我爱人的胃炎没有犯, 胃到现在都好好的。

——太阳当空照

46.我丫头喝了三天姜枣水(怕上火加了牛蒡、枸杞子、1/4罗汉果), 今天看她背上、手臂上的红粒粒消退了很多, 几乎没有了。

——爱家

47. 从喝姜枣茶到今天，我下巴上再没长痘了。我也不知道是从什么时候起下巴开始长痘，后来就一发不可收拾，特别苦恼。还有我的脚后跟的老皮也有改善。

——澜羽

48. 这款姜枣茶确实配得上"神仙"二字，从立夏喝到现在，不仅不上火，还发现胃口更好了，白天精神也更好了！每天上午11点之前喝完，完全不影响睡眠，一觉到天亮，早起排便更顺畅！

——海燕

49. 自从立夏开始喝姜枣茶以后，我加了半个罗汉果和20克牛蒡一起煮，很好喝，现在身体很舒服，不会像以前整天昏沉沉的，湿气感觉少了很多，比以前精神好，有活力。

——读者朋友

50. 真心觉得姜枣茶真的好，我从立夏第二天开始喝，偶尔让8岁的儿子喝几口，发现他晚上踢被子竟然没有感冒。昨晚有点热，孩子吹着风扇睡觉，我半夜去看他，他又没盖被子，风扇还在吹着，心想这次肯定逃不过了，谁知孩子早上起来并没有感冒的症状，如果是以前早就鼻塞、流鼻涕了。今天煮了姜枣茶早餐后又让孩子喝了几口，孩子中午放学回来，一点儿事也没有。跟着老师吃就能吃出健康，太棒了。

——期待

51. 从立夏那天开始喝姜枣茶，（按老师说的，今年湿气重）姜枣双倍，同时加花椒7粒、陈皮、牛蒡等材料一起煮，每天上午12点前喝完。这几天明显感觉到身体没以前沉重了，特别是大腿那儿感受更明显。姜枣茶真是太好了，大爱陈老师。

——燕子

52. 每次喝姜枣茶就感觉很轻松，想出门活动，就是不想躺着。要知道我可是一直身体很沉，无时无刻不宅在家里床上的人，而且能躺着绝不坐着。

——琼文

53. 腿很痛，排寒湿那种很舒服的痛。几十年的老寒腿，感觉整个身体都在说谢谢，为自己、为身体感恩老师。

——读者朋友

54. 老师这个姜枣茶真神奇，我从小就气血虚，而且一直有便秘问题，前阵子看到老师有个视频节目讲到便秘的几个方子，我都用过也没什么效果！自从喝姜枣茶那天开始，每天早上喝完1小时后就准点上厕所了！虽然感觉不太痛快，但也每天都排毒了。谢谢老师。

——芷玲zl

55. 从立夏开始喝姜枣茶（加牛蒡和罗汉果），第二天下午，鼻子就长了一颗红得发亮又肿又痛的超大痘痘（我妈说我鼻子长痘那边塌下来像歪了一样），没有管它，继续坚持喝，痛了三天半，到今天小了很多。估计是喝姜枣茶，把那些湿热寒毒，通过长痘痘排了出来，今天喝完浑身舒畅。

——安净Okasa

56.今年我喝姜枣茶有五天了。一天排便两次，排的时候也很顺畅。排便后身体轻松多了，还发现头发也不油腻了！以前两天不洗头发，就很油腻，现在很清爽！我去年喝了两个多月，受益良多，冬天不怕冷了。

——李湖英

57.今年我喝姜枣茶一点没问题，去年喝的时候感觉有点上火，后来无意中看到老师说，姜可以换成陈皮，所以去年喝了一个夏天的陈皮枣水。今年提前买了小黄姜，比普通的姜更不容易上火，所以从立夏一直喝到今天，感觉很好！

——22群读者

58.以前胸部、腋下出汗就有异味，不是狐臭那种，用走珠止汗露后就不会有异味。后来我家夫君说，就要让它出汗，排毒，排出来就好了。我就停止用了。喝了几天姜枣茶和姜枣粥，出了很多汗，从此出汗就不再有异味，还带一点儿清香。

——何小玲

59.喝了3年姜枣茶了，闻着它的香味就来神，胃里暖暖的，浑身轻松。

——冷食速冻

60.我喜欢喝姜枣茶，只要坚持喝上一个月，效果非常明显，胖人能变瘦，瘦人能变胖。好处非常多，喝过的人都知道。就是要有毅力，要坚持！

——27群读者

61.我去年断断续续喝了一个月，胃寒的毛病改善很多。

——22群读者

62.吃了老师推荐的姜枣茶后，小朋友胃口大开。我多年的脚气也好了！以前夏天我都不能吹风扇，感觉身体凉凉的，现在好多了！

——向日葵

63.我妹妹告诉我，她头屑一年比一年厉害，而且满头油腻腻的，一出头头发都黏成一绺一绺的，感觉就像头皮癣。我告诉她每天上午煮姜枣茶时，加上牛蒡和罗汉果，也就是6个红枣+3片生姜+7片牛蒡+1/4罗汉果一起煮。昨晚她跟我说，头皮屑已经少了很多，头发也不油腻了，她自认为这就是祛湿的效果。

——47群读者

64.姜枣+罗汉果+牛蒡茶喝了一个多月，上瘾了！困扰我十年来的大便问题解决了。以前是牛屎一样的大便，现在是香蕉形，很顺畅，特别舒服。今天突然发现之前一直有口臭的问题，这段时间也消失了。

——柏云

65. 老公跟着我顺时养生,喝了3个星期的姜枣茶,脾胃很舒服,口气变好了,人瘦了,也精神啦!

——青豆

66. 姜枣茶加黄芪、鱼腥草煮水,喝了一个月,坐空调公交不怕着凉了。今年特别热,一坐地铁、公交就怕被空调吹到,引起肩膀疼、背疼。现在每天坚持喝姜枣茶,吹空调时肩背不疼了,人太轻松了,好开心!!

——微风

67. 连续四个年头喝姜枣,好处太多了!今年顽固的老公、妈妈也都被打动了,因为他们看到了我的变化。之前夏天一口冰都不敢吃,现在可以偶尔放纵一下;妈妈顽固性的便秘得到改善;老公喝过后,手心蜕皮也变好了,这都是身体自我修复,排湿毒的过程。每天出门保温杯内姜枣茶必备,不敢马虎!顺时生活,不负光阴!

——sunsan

68. 喝姜枣茶,感觉腰围明显细了,脸上皮肤也紧致了。

——阳阳

69. 坚持喝姜枣茶一段时间,这个月月经正常了,很开心。

——李秀玉

70. 从立夏开始喝姜枣茶后,明显感觉手脚不那么凉了,早起也不鼻塞了,身体在一点一点地好转。

——齐继红

71. 前一段时间下巴长痘了,喝了几天姜枣茶真的就好了,效果太好了。

——Sunny芹

72. 早晨饭前喝了一杯姜枣茶,顿时觉得后背热乎乎的,像是背了一个小太阳。

——陆月荷

73. 连续喝了十几天的姜枣茶,发现儿媳妇的脸色白嫩了许多。

——均旌

74. 不懂事又爱臭美的年纪,我喜欢拔腋毛,每年夏天到了,拔那么一两回,几年过去,流汗多的时候总觉得自己一股狐臭味。喝了一个星期的姜枣茶,干活干得全身湿透,竟然没有味道。惊喜!惊喜!希望是真的,哈哈,今天的姜枣茶走起。

——10000个小时

75. 刚刚煮了姜枣茶加罗汉果和鲜牛蒡。从立夏开始喝姜枣茶,三四天左右喉咙有些肿胀,还能忍受就没有断,坚持十天了。原本我的腰特别怕冷,稍有些凉意就会酸疼。这几天就没有感觉了。老寒腿也稍微好些了,但坐着不动,脚踝上方一点的地方还会酸疼,可能姜枣茶的威力还没到四肢末端,再坚持喝!加油,为自己打气。

——路

"五月常服五味子，以补五脏气……六月常服五味子，以益肺金之气。在上则滋源，在下则补肾。"（孙思邈）这是古人补五脏的方法。

农历"五月""六月"也就是阳历的6月、7月，正是夏天最热的时候，天热既伤阴又伤气，使得老年人容易气阴两虚，表现就是气短、口渴、浑身酸软、疲乏、不想吃东西、感觉心里烦热、凌晨容易醒来。

此时把五味子配上枸杞子一起喝，既可以养阴，又可以防止元气外泄，盛夏时老年人不论男女都适合。

这个茶方能补五脏，特别是补心、肝、肾。

二子延寿茶

【原料】
枸杞子60克、五味子60克、红糖20小块（约300克）。

【做法】
1. 把五味子捣碎，与枸杞子一起分成10份，分别装入10个茶包袋。
2. 每次取1袋，沸水冲泡，闷20分钟后饮用。

【功效】
1. 补五脏之气，改善视力、听力，延年益寿。
2. 可以改善暑热引起的疲乏、气短无力、失眠等问题。
3. 防止皮肤粗糙。
4. 也适合爱出虚汗的人常喝。

1. 感冒、发热、有痰时不要喝。
2. 吃中成药双黄连口服液时不要喝，否则影响效果。
3. 泡温泉和蒸桑拿前饮用可以预防汗多伤气。

读者评论

1. 这个茶做起来很简单，买点枸杞子和五味子就可以了。第一次喝觉得味道实在不好，但是古人说"良药苦口利于病"，我相信允斌老师的方子。越喝越觉得有滋有味，最近觉得浑身有劲了，睡觉的时候不觉得心悸不安了，我知道这就是允斌老师说的给五脏补气的效果达到了。

　　　　　　　　　　　　　　　　　　　　　　　　　　　　　——阳光宇

2. 前段时间出汗太多导致心悸乏力，喝了二子延寿茶，吃桑葚干、喝乌梅汤，感觉改善多了！

　　　　　　　　　　　　　　　　　　　　　　　　　　　　　——Sharon

3. 夏秋的时候我总会给父母买点枸杞子和五味子，告诉他们这叫延寿茶。老人就乖乖喝了，枸杞子和五味子一起泡20分钟就可以了。老师的方子都简单方便，老人都可以学会，父母这两年都在喝。很明显的就是听力改善，耳朵没有以前背了，老母亲的眼睛不怎么爱流泪了，气色也好了很多！

　　　　　　　　　　　　　　　　　　　　　　　　　　　　　——吕燕妮

　　荷叶的功效很平和, 能清火却不寒, 能祛湿却不燥。夏天常喝些荷叶茶, 既可以消暑利湿, 又可以健胃和中, 是适合大多数人的保健茶饮。

　　湿热重的时候, 喝荷叶茶还可以加入冬瓜皮。对症调养篇《瘦身不要节食——调理六种不同肥胖体质的家传小茶方》一篇中讲过, 冬瓜皮荷叶茶可以调理湿热型肥胖。而在三伏天, 这道茶饮全家人可以一起喝, 来清一清湿热。

冬瓜皮荷叶茶

【原料】

干冬瓜皮120克、干荷叶60克。

【做法】

1. 吃冬瓜时把冬瓜皮削下来, 晾干备用。取新鲜荷叶晾干。也可以到药店直接购买冬瓜皮、荷叶的干品。
2. 把冬瓜皮和荷叶分成10份, 分别装入10个茶包袋。
3. 每次取1袋, 用沸水冲泡, 闷20分钟后饮用。

【功效】

1. 降脂利水, 消除身体水肿。
2. 清热祛湿, 减肥。

1. 女性经期勿饮荷叶茶。
2. 夏天煲冬瓜汤的时候，我们也可以学学广东人的做法，不去皮，连皮一起慢火煲。这样可以解暑、去心火，还能瘦身。

读者评论

每年春夏我都会喝老师的这个小茶方。夏天时有一种被冬春的油腻油脂糊住的感觉，眼睛睁不开，四肢沉重没精神。这时候喝冬瓜皮荷叶茶百试百灵，喝几天身体油乎乎的感觉就不见了，身体轻了很多，水肿消退，不上火了，眼皮也不耷拉了，到下午也是精精神神不犯困。跟着老师顺时生活，感觉太好了。

——15群读者

　　小时候，每到夏天，我们在外面玩得满头大汗地跑回家，桌上必然放着一壶银花甘草茶，是妈妈泡给全家人消暑的。倒一杯喝下去，又清香又甘甜，深深地体会到了什么叫作沁人心脾，顿时就觉得全身清凉，一点儿不热了。

银花甘草茶

【原料】

干金银花100克、甘草30克。

【做法】

1. 把金银花和甘草分成10份，分别装入10个茶包袋。

2. 每次取1袋，沸水冲泡，闷10分钟后饮用，可以反复冲泡。

【功效】

1. 预防流行性脑脊髓膜炎（简称流脑）、流行性乙型脑炎（简称乙脑）等传染病。

2. 清热解毒、解暑。

3. 预防热痱。

允斌叮嘱	1. 因为吹空调而得了风寒感冒的人，暂时不要喝，风热感冒可以喝。
	2. 这道茶适合全家老小喝，整个夏天喝清凉消暑，又能抗病毒。
	3. 泡茶的时候，不要用手去抓金银花，会沾染手的汗和油，泡的茶容易坏。用干净的茶匙或夹子去取金银花就行了。

读者评论

1. 前几天孩子她爸牙龈肿痛，口腔溃疡，感觉上了火。喝了金银花甘草茶，几天就好了。

——枫

2. 6岁侄女身上多年来起很多小红疙瘩，小手每天不停挠来挠去，看着很心疼却没办法。去医院医生让涂含激素的药膏，害怕激素对孩子有伤害就没治疗。孩子平时爱吃海鲜、喝酸奶，出汗时身上红疙瘩更严重了！老师茶包书中推荐夏天喝金银花甘草茶，我相信对身体有好处，让小侄女也喝。仅仅喝了1袋，两天时间孩子身上的小红疙瘩都没有了，后来也没复发。真没想到喝了1袋茶包就把大问题解决了！仔细看老师的书，原来金银花对皮肤病有疗效！

——暄

中医有一个名方，叫作"白虎汤"，是治热病的。西瓜的功效，就相当于一剂温和的白虎汤。当感觉全身发热、出汗、口干舌燥，喝一杯西瓜汁，可以退热。所以古人把西瓜称为"天生白虎汤"。

如果不小心买到了牛西瓜，别着急，用下面方法就可以让生西瓜变成甜甜的西瓜汁了。

天生白虎饮

【原料】
西瓜1个、白糖2勺。

【做法】
1. 在西瓜的顶部切开一个小口，倒入2勺白糖。
2. 用筷子插进去搅动，尽量把瓜瓤搅碎，让白糖和瓜瓤搅拌均匀。
3. 把切开的瓜皮盖回去，把西瓜放入冰箱或放在阴凉处1小时，等到瓜瓤都化成汁，再把西瓜汁倒出来饮用。

【功效】
1. 缓解暑热引起的心烦口渴、手脚心发热等现象。
2. 清血热，降心火，利小便。
3. 缓解血热导致的皮肤红疹。

读者评论

偶然看到陈老师的这个方子，只觉得好玩就学着做起来。孩子军训回来吵着要吃冰西瓜，就给他做了这个西瓜汁，喝了一大杯就老实安静了，告诉我很舒服，浑身不发烫了，脖子上的小红疹子也消了。

——梦醒时分

　　小茴香在古时有个好听的名字，叫作"怀香"，它有独特的香气，这种香气经久不散，加热以后更加浓郁。炖肉时放一点小茴香很提味，还能帮助消化。

　　小茴香能暖胃，可以调理慢性胃病，对于胃寒引起的慢性胃炎、胃溃疡、胃下垂、胃神经官能症（胃肠功能紊乱）等有特效。

　　夏天人们贪凉，吹空调或吃生冷食物过多后，容易引起肠胃不舒服，甚至得肠胃型感冒，喝这道茶可以预防。

杏仁怀香饮

【原料】

甜杏仁500克、小茴香100克、麦芽糖或红糖适量。

【做法】

1. 小茴香、甜杏仁分别放入无油的铁锅，用小火炒香，然后把小茴香打成粉，甜杏仁切碎或磨成粉。

2. 晾凉后，装瓶密封，放入冰箱冷藏，可以放一个月。

3. 每次取2勺，加少量麦芽糖或红糖，放入随身杯，冲入开水，搅拌均匀饮用。

【功效】

1. 预防夏季感冒。

2. 理气和胃。

3. 淡化晒斑。

哪种人适合吃小茴香？

胃寒的人，脾胃消化能力弱，消化不良甚至胃痛、呕吐清水。

哪种人不适合吃小茴香？

胃热的人，容易上火，比如口干、口苦、口舌生疮、牙龈肿痛、小
便黄、大便秘结，严重时会胃痛、呕吐酸水，有的人会感觉特别容易饿，
吃很多却吸收不到营养。

读者评论

1. 别人都是冬天容易感冒，我却老是夏天感冒。朋友去年给我推荐了陈允斌老师
   的杏仁怀香饮，让我立马开始喝，说可以预防夏季感冒。我一开始不相信，结果
   不知不觉一个夏天过去了，我真的没有感冒，立马成了老师的粉丝，今年夏天继
   续喝起来。

   ——21群读者

2. 这两天身上又湿又热，想起去年试了甜杏仁拌茴香效果不错，该吃起来了！成都
   外面很少有卖茴香菜的，就试试抓了把小茴香放在花盆中，没想到这么好种，长势
   喜人，这下不用担心没的吃了！

   ——22群读者

夏天的暑气会使人上心火，感觉烦躁、口干、心烦。特别是小孩子，总想吃冰激凌、雪糕，喝汽水这些冰凉的东西。

这些都是心火过旺的表现。舌为心之苗，心火过旺首先表现在舌尖发红，就想让它凉快一下。喝点冬瓜汁，就会感觉凉快许多，心里也舒服了。

鲜冬瓜汁

【原料】
新鲜冬瓜、白糖或蜂蜜。

【做法】
1. 冬瓜切小块，加少量清水和白糖或蜂蜜一起，放入榨汁机打成果汁。
2. 用纱布挤出冬瓜汁，放入随身杯，外出时饮用。也可以放在办公室的冰箱里冷藏，随时取出饮用。

【功效】
1. 调理心烦、口渴。
2. 消暑降温，去心火。
3. 涂抹在鼻子上可以促进酒糟鼻周围的脓疱愈合。

1. 舌头溃疡时用冬瓜蘸白糖，这是我亲自用过的，效果显著啊。

　　　　　　　　　　　　　　　　　　　　　　　　　　　——岁月荏苒

2. 前天发现女儿嘴唇上火，昨天买了冬瓜榨汁给她喝，到晚上发现好了，真的神奇！跟着陈老师养生，总有意想不到的收获。

　　　　　　　　　　　　　　　　　　　　　　　　　　　——46群读者

3. 我女儿舌尖发涩，吃东西无味，我对照书，给她喝了冬瓜汁，很快就好转了。

　　　　　　　　　　　　　　　　　　　　　　　　　　　——46群读者

夏季皮肤长疖子和青春痘，喝丝瓜皮饮 •

丝瓜皮是清热毒的，夏天容易长疖子或痘痘的人，可以直接用丝瓜皮煮水来喝，清热败火的效果很好。如果是红肿明显的痘痘，可以配合丝瓜蒂茶（见本书对症调养篇155页），同时用丝瓜皮外敷追脓，痘痘就能瘪下去。

丝瓜皮饮

【原料】
新鲜丝瓜、蜂蜜适量。

【做法】

1. 把丝瓜放在加面粉的清水中泡10分钟，清洗干净。

2. 用小刀轻轻地刮下丝瓜皮表面薄薄的一层绿衣，晒干。

3. 每次取一小撮，放入随身杯，沸水冲泡，闷20分钟后，调入蜂蜜饮用，可以反复冲泡。

【功效】

1. 防治皮肤长疖或青春痘。

2. 清热、解毒、消肿。

允斌叮嘱	丝瓜特别寒，阳虚的人不要多吃，正在腹泻的人也不要吃。

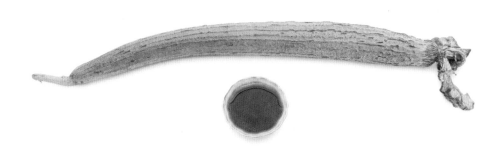

前几天额头上起了一个很大的疙瘩,又红又疼。前天吃丝瓜,想起丝瓜皮好像陈老师讲过,用来敷熟了的疙瘩,能把脓水敷出来,我就马上敷了。果然还真的把脓水一点点敷出来了,也不红不疼了,疙瘩越来越小了。老师的方法真的好好!

——24群读者

三

三伏长夏
体质保健小茶方

头伏—处暑

三伏天，天气闷热，人们喝很多的水，容易造成湿热水肿，感觉身体沉重。可以利用夏天常吃的三种瓜，将家里食用之后剩下的瓜皮，顺手煮一壶三瓜消肿饮来喝。

三瓜消肿饮

【原料】

新鲜西瓜皮、新鲜冬瓜皮、新鲜黄瓜皮各适量，蜂蜜适量。

【做法】

1. 西瓜、冬瓜、黄瓜用加面粉的清水泡10分钟，清洗干净后再削皮。

2. 把三种瓜皮切成小块，加蜂蜜放入随身杯，沸水冲泡，闷30分钟后饮用。有条件煮水更佳。

【功效】

利水消肿。

读者评论

1. 消肿效果非常好，我经常喝。

——琳琳

2. 这个三瓜饮效果立竿见影，我老公用了，效果很好。

——怒放的生命

三伏是一年中最热的一段时间，我们的身体会出大量的汗，气也随之而泻，人就会亏气。这时候喝芪枣补气饮来补气效果很好。

芪枣补气饮

【原料】

黄芪500克、大枣500克。

【做法】

1.把大枣去核，跟黄芪一起下锅，放适量水，泡1小时。

2.大火煮开，小火煮半小时，滗出药汁。

3.重新加水再煮两次，水开后煮半小时，滗出药汁。

4.把3次的药汁混合在一起，倒入锅内，煮到浓缩，放入冰箱冷藏。

5.每天取大约1/10放入随身杯，加开水调稀饮用。

【功效】

1.气血双补，贫血、体虚、一动就出汗的人常喝可以增强体质。

2.补气，补脾、胃、心。

3.改善气色。

读者评论

1. 我有近五年流汗和下雨差不多,每年最厉害的是4月份到10月底,从来不敢擦护肤品,因为流汗时会流到眼里,特别难受。冬天在暖气房里头发都是湿的,一年至少感冒六次以上,一感冒就咳一个月,循环往复,咳嗽也能咳得满头大汗,看过许多中医都没效果。自从去年把老师的书仔细看了几遍,开始喝黄芪红枣水,连续喝了三个月,之后就1周喝两次,效果非常好。现在是脸上正常有点汗,出门也可以擦护肤品啦。我每次用时黄芪量比较大,50~70克加8~10颗去核红枣,煎三次倒在一起,分两次喝。

——老郑

2. 我出汗严重,哪怕天气不热,稍微动一下前胸和后背就大颗汗珠滚下,一点都不夸张,贴身衣物都被汗湿透。看了陈允斌老师的书,知道自己应该是气虚,找到书里补气的方子,原料简单,就是黄芪和红枣。喝了一个星期,发现天虽热但是不爱出汗了,以前下车走到家,前胸都是细密的汗珠,现在也没有了,白天精神也比以前足,不乏了。

——19群读者

3. 这几天武汉下雨,汗流如注,整个脊柱酸胀,感觉身上的肌肉都挂不住,我判断是气虚的问题提前到来。听老师的节气养生本打算夏至再用黄芪的,果断在姜枣茶中加入,结果昨天喝一次就好很多。

——smil3cat

4. 我和我先生前段时间总是大汗淋漓,喝了几次黄芪大枣茶,现在34℃的天气在厨房做饭,也不顺脸流汗了。

——花非花

5. 这段时间运动后很容易出汗,是哗哗哗地流不停那种,每天1个多小时的运动量,我的内外衣能全部湿透,外加一条毛巾擦湿,尤其是运动内衣,可以拧出来汗水的那种。刚开始还不以为意,觉得出汗多的原因可能是喝过姜枣茶后身体在排毒(以前大量运动也没有这样出过汗),后来觉得不大对劲,这样流过汗的人,第二天会疲惫不堪,我估计是哪个地方虚了。把老师的书翻出来对照了一遍,就开始煮黄芪大枣补气饮喝,昨天是喝的第三天,运动下来竟然没有用毛巾,仅仅是内衣湿了,外衣没有一点汗,真的太开心了!这个黄芪补气饮的功效太强大了!

——夏夏

"汗血同源",夏天大量出汗不仅伤气也会伤血,引起血虚阴虚,使人感觉手脚心发热,睡觉时心烦发热。

这种情况,喝黄芪补气饮时,可以与甘草陈皮梅子汤(见本书103页)一起煮。也可以简化为下面这道消暑补气饮。

消暑补气饮

【原料】
乌梅200克、黄芪200克、红糖250克。

【做法】
1. 把乌梅和黄芪放入锅内,泡1小时。

2. 大火煮开,转小火煮半小时,滗出药汁。

3. 重新加水再煮两次,水开后煮半小时,滗出药汁。

4. 把3次的药汁混合,倒入锅内,煮到浓缩,加红糖,熬到浓稠呈膏状。

5. 每天取大约1/10,放入随身杯,温水调匀后饮用。

【功效】
1. 补气、消暑,三伏天常喝,可以预防夏季出汗过多伤气伤阴。

2. 调理脾胃虚寒引起的腹泻。

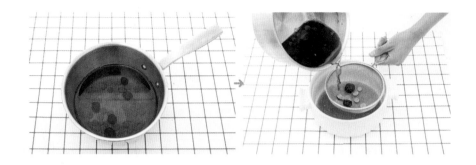

允斌叮嘱

阴阳两虚的人，需要加强清补的效果，用黄芪煮甘草陈皮梅子汤完整配方更佳。梅子汤可以生津止渴、清虚热，防止暑热伤阴，还能调理暑热造成的食欲不振、消化不良。夏天喝酸梅汤，是中国人一个很好的传统养生习惯。

读者评论

1. 黄芪乌梅汤喝了三天，口不渴了，出虚汗好多了。

   ——冉冉妈妈

2. 黄芪乌梅汤，把我的大汗淋漓治好了。

   ——美丽的丽

3. 我是严重脾胃虚寒，大便一直不成形。肚子经常胀到坐立不安，有时还会疼。看了很多中医，断断续续喝了十多年中药，很痛苦。后来喝了陈老师推荐的黄芪乌梅红糖饮，好多了。虽然现在有时还会不舒服，可是已经不胀了。

   ——金钥匙

4. 喝了甘草陈皮梅子汤，气虚又加了点黄芪，晚上居然能够一夜好眠了！

   ——珠襄

5. 夏天就算不太热我也特别爱出汗，稍微动一下就汗流浃背。看了老师的书，知道我需要补气，这个方子喝了一段时间，确实有效果，不怎么爱出汗了。因为煮多了，所以喝了很久，意外地发现这个茶方还有瘦身的效果，腰围小了好几厘米。

   ——月半弯

6. 最近虚汗严重，吃辣椒上火了，停了姜枣茶，改喝陈皮梅子汤，今天中午睡觉起来后，不怎么出汗了。

   ——月也兔

很多人每年秋冬季都会发作慢性支气管炎，这种情况可以在夏天进行冬病夏治。首先要坚持贴三伏贴（连续 3 年），同时可以每天喝一杯瓜香茶，来辅助调理。

瓜香茶

【原料】

绿茶适量、香瓜1个。

【做法】

1. 先泡一杯绿茶。

2. 取一整个香瓜，连皮带籽切成小块放入料理机中。

3. 倒入绿茶一起打汁。

四

秋季体质保健小茶方

秋天保养的重点是润肺阴、保肝胆。

秋天气候干燥，要润肺滋阴，避免产生呼吸道的问题。肺和大肠是一个系统，肺滋润了，肠道才能畅通。"肺在体合皮"，要想皮肤在秋冬保持水分，就要先润肺。

秋吃酸，护肝胆。

大多数树木都是在秋天结果子，而且秋天成熟的果实和种子往往都带有酸味或涩味。这些应季的果实正适合秋天用来调养肝胆。

酸味入肝胆，能促进肝血和胆汁的生成。酸味入肝，能补肝血，平息肝火；酸味入胆，能促进胆汁分泌，可以解油腻、降血脂。

酸味有收敛作用，能助人体储存营养，保护精气不外泄，为即将到来的冬天做准备。

读者评论

1. 跟着陈老师顺时养生，把我半年不好的过敏脸治好了。最喜欢的姜枣茶，祛寒湿一流；酸梅汤滋阴补血，小孩子也好喜欢喝。最神奇的是泡花生，干燥的秋冬季节必备，懒人必备，吃完皮肤再也不干了，强力推荐！

——雪咖啡

2. 今年秋分前后，发现自己洗头发时掉发掉得厉害，而且眼睛干涩得难受，人也很乏力，刚好看到老师的一些秋天养生的专栏，说这种现象是肝血不足导致的，要多喝桂花枸杞茶和补气血的双莲墨鱼汤。这段时间我用甘草陈皮梅子汤方，自己加上黄芪，早上煮水喝，白天在办公室泡桂子暖香茶，晚上经常煮银耳汤、双莲墨鱼汤来吃，一个星期后眼睛没那么难受了，人也精神多了。希望坚持这些饮食，好好补一下气血，把脱发的症状也改善。感恩遇到陈老师，希望博大精深的中医养生能让更多的人受益。

——小佳

生山楂和甘草在药店和一些超市都能买到。记住"生山楂"是中药名称，它其实是干的山楂，不是新鲜的山楂，新鲜的山楂泡茶不太容易泡。

山楂甘草茶

【原料】
生山楂300克、甘草60克。

【做法】
1.把山楂和甘草分成10份，放入10个茶包袋中。
2.每次取1袋放入随身杯，用沸水冲泡，闷20分钟后饮用，可以反复冲泡。

【功效】
1.清咽、利嗓。秋冬季常喝可以增强抵抗力。
2.活血、化瘀，淡化黄褐斑。
3.常喝可以改善血液黏稠度，软化血管。

允斌
叮嘱

感冒、痰多、恶心呕吐时不要喝这个茶。

1. 我青春期老长痘,六年前喝玫瑰花水调理好的,痘印是喝老师说的山楂甘草茶祛除的,估计是气血调理好了就不再长了。

—— 纳英

2. 从秋天到现在我们一家再没买过感冒药,家里有人不舒服了,就按老师的方子来,一两次也就差不多了。

—— 8群读者

3. 山楂甘草茶真是个好东西,每次吃多积食了,喝一次就管用,喝了后感觉胃里很舒服,马上就有通的感觉。

—— 明天更美好

4. 喝了一段时间山楂甘草茶,感觉还能抗流感,身体抵抗力都增强了!

—— 海燕

5. 山楂甘草茶活血化瘀的功效超级好,我喝了半个月,当月例假一点血块都没有了,真是神奇,月经量也增多了呢,超开心。谢谢陈老师。

—— 滴滴答答

6. 老公有高血压,山楂甘草茶会作为辅助降压茶饮泡来喝。有时我怕血脂高,也会泡着喝。

—— Mahdis小公主

7. 每次例假前喝几天,例假准时到来,腰不酸,肚子也不疼!

—— 冉冉妈妈

8. 喝过,消胃胀。

—— 北燕

9. 喝了山楂甘草茶,小腹很平,经期前乳房不胀痛,经期很顺畅。

—— 平淡是真

10. 我和孩子喝了老师的山楂甘草茶,不光胃里不热、不胀了,感冒的次数也明显减少。

—— 辽阔

11. 这个小心吃,脾虚、气虚都少喝,理气作用很强。脸上有斑时才喝。

—— 艺萍

双皮润喉饮

【原料】

新鲜梨皮、新鲜西瓜外皮适量，蜂蜜适量。

【做法】

1. 西瓜、梨用加面粉的清水泡10分钟，清洗干净后再削皮。

2. 把西瓜皮和梨皮切成小块，放入随身杯，沸水冲泡，闷30分钟后，调入蜂蜜饮用，可以反复冲泡。

【功效】

清凉润喉，清热利咽，防治咽喉疼痛。

读者评论

　　人民教师一名，一到春夏人就犯困，嗓子也难受，慢性咽炎没法根治。幸好有老师的双皮润喉饮，喝下去当时嗓子就不那么难受了。连续喝几天，嗓子眼那种火辣辣的感觉就没有了，声音也不嘶哑了，讲课也不痛苦了。

——眺高

秋天的第三个月，除了要继续秋季养肺滋阴的主题外，还要特别注意养肝血。

肝血虚，人就会眼睛总是干涩，视力减退，指甲变薄，手脚发麻，甚至腿脚有时会不由自主地抽动，女性经量少甚至闭经……这都是肝血不足的表现。秋天桂花飘香的时候，最适合给自己和家人泡一杯桂子暖香茶，既应景又养生。

桂花可以养肝，提升脾胃的功能，还可以养肺，预防秋冬季咳喘，加入枸杞子，更增强补肝血的作用。

一般人以为枸杞子是补肾的，其实它肝肾都补。枸杞子是食物，用量不必精确到克。每次抓一把来冲泡就可以了。泡过的枸杞子，还可以吃掉，效果更好。

桂子暖香茶

【原料】
干桂花3克（新鲜的可以5克左右）、枸杞子适量。

【做法】
沸水冲泡代茶饮。

【功效】
1. 预防肝血虚。
2. 常饮能使眼睛更明亮。

1. 桂花和枸杞子都有通便的作用，腹泻时暂时停饮。
2. 桂花可以用干品，也可以用新鲜采摘的。
3. 桂花干后颜色会发黑，这是自然现象。如果买来的干桂花颜色金黄，而且久存不坏，很可能用过硫或其他保色剂，不要饮用。

读者评论

1. 眼睛干涩，喝枸杞桂花茶，睡一觉就好了。

——汤汤

2. 老师的方子特别棒，前几天眼睛干涩得很，简直可以用睁不开眼睛形容了。今天喝了两杯桂花枸杞茶，眼睛立马不干了。

——Mina

3. 老师的食方确实好用，去年冬喝了桂子暖香茶，冬天没那么怕冷了。

——随缘

4. 我之前血海穴那里被撞了一下，里面有一个小鼓包，一大片瘀血，后来瘀血散得很慢，小鼓包一直没有消。然后我喝了一阵子桂子暖香茶，还有核桃水，今天我发现小鼓包消失了，并且以前大姨妈量少，现在正常了！

——12群读者

5. 经常喝枸杞桂圆茶，手脚不再冰凉，一直暖暖的，很舒服，堪称"冬季棉袄茶"。

——兕里侑鐠

6. 晚上睡眠浅时就会喝桂子暖香茶，挺好的。

——麻春敏

女性喝桂花红糖茶，有调经通经的功效。

桂花红糖茶

【原料】

桂花3克（干品）或6克（鲜品）、红糖适量。

【做法】

把桂花、红糖放入随身杯，沸水冲泡，闷10分钟后饮用，可以反复冲泡。

【功效】

1. 调理月经不畅。

2. 舒肝气，散寒气，通瘀，帮助女性预防面部色斑，还能调理月经。

允斌 叮嘱　饮用后大便次数增多是正常现象。

读者评论

1. 冬季寒冷，例假前会泡桂花红糖茶喝，心情愉悦，经期轻松。

——Mahdis小公主

2. 说起桂花，是我的最爱之一，很清香，胃不舒服的时候喝上一杯，瞬间能缓解不少！

——海燕

三红消食饮不仅可以兑水当饮料，也可以当果酱直接吃。酸酸甜甜的口味，孩子们都很喜欢。

三红消食饮

【原料】

新鲜山楂1 000克、新鲜胡萝卜1 000克、红糖150克。

【做法】

1. 首先为容器消毒：取一个干净的玻璃瓶，放入锅中加清水煮至水沸5分钟后，捞出来，晾干水分备用。

2. 新鲜山楂洗干净，锅内加清水烧开后，把山楂放进去煮两三分钟，待山楂外皮煮破就起锅。捞出来去掉蒂和核，放到榨汁机中加一点清水打成果泥。

3. 新鲜胡萝卜洗干净，切成小丁，放入开水锅中煮软，同样捞起来放到榨汁机中加一点清水打成果泥。

4. 把山楂泥和胡萝卜泥混在一起，加150克红糖，放一点水，下锅大火烧开，然后转小火熬，要不断搅拌，避免煳锅。等水收得差不多时关火。

5. 待胡萝卜、山楂果酱晾凉后，用瓶子密封起来，放到冰箱里冷藏，可以存放1个月。用的时候放入随身杯，用温水稀释1～2倍就可以喝了。

【功效】

1. 改善脾胃功能。

2. 健胃，养肝，消食，适合饱食后饮用。

3. 预防腹部肥胖。

允斌叮嘱　孕妇,胃酸过多的人,胃溃疡、十二指肠溃疡患者不宜吃山楂。

读者评论

1. 按照书中的制作方法做了,就是觉得蛮酸的,红糖也会多放一些。这个消食的方法,效果非常明显和迅速。

——Donna

2. 新鲜山楂上市的时候做了一大罐。有天晚上,父亲说感觉吃多了胃里不舒服,家里的大山楂丸又吃完了。我把做好的三红消食饮拿出来,打算给他冲水喝。父亲直接尝了一下,说有吃果丹皮的感觉,吃了几勺,临睡前说胃里感觉舒服了。

——一丹

五

冬季体质保健
小茶方

冬天保养的重点是固肾气，健脾胃。

冬吃苦，把肾补。

鱼儿是怎样过冬的呢？它们躲在结冰的水面下，水里的温度并不很低。同样的，冬天人的肾精也应当封藏在体内。

冬天要固摄肾气，肾气足的人身体才强壮。

冬天人们一般吃得比较多，脾胃的负担比较重，所以也需要健胃助消化。

冬吃苦有助于固肾和健胃。苦味分为两种：一种是苦而寒的食物，有清心火的作用，比如苦瓜、莲子心、绿茶；一种是苦而温的食物，能健胃助消化，还能帮助祛除人体下部的寒湿，有强肾的作用，比如咖啡、红茶、松针，以及炒焦后的含淀粉食物（山楂、红枣、米、面），这些都适合在冬天吃。

读者评论

1. 去年冬天开始跟着老师的书养生。还记得小寒、大寒时节，香喷喷的糯米饭，征服了全家老幼的心。春天有玫瑰茉莉花茶，夏季有祛湿辟邪的香包，秋季有暖香的桂花茶和软糯银耳，而一年四季都有药枕和红糖呵护！非常感谢陈老师，让我和家人顺应自然的变化，按四时之需生活。身体安稳了，心灵才平静恬淡。

——暴走劳拉WJ

2. 我以前每到秋冬就十分难受，眼干、嘴干、鼻子干、皮肤干、头发干，总之，一切都干！从去年开始按老师的方法养生效果不错，今年尤其明显！前一段时间头发干枯像稻草，一梳头头发就断，今早我照镜子发现头发光泽有弹性，以为是灯光的缘故，用手一摸，果然光滑！

——美丽邂逅

金丝焦枣茶是整个冬天一家老小都可以喝的一道保健茶方，是用小的红枣炒黑之后冲泡而成，取的就是这个红枣炒焦之后的药性。

金丝焦枣茶

【原料】
干金丝小枣500克。

【做法】
1. 干金丝小枣用加面粉的清水泡10分钟，晾干。
2. 放入无油的炒锅，用小火干炒到外皮焦黑，晾凉后装瓶密封。
3. 每次取1小把，用沸水冲泡，闷20分钟，当茶饮用，可以反复冲泡。

【功效】
健胃养心，适合小孩和产妇饮用，也适合普通人冬季保健。

1. 加陈皮一起泡,效果更佳。

2. 炒过的小枣,皮有点发黑,一定要留下它,这是炒小枣功效最好的部分,能帮助消化,补血的效果更好。

3. 枣分大小,它们都能补心脾,其中大枣偏于补脾,小枣偏于补心。小枣没有大枣那么补,但也不那么容易生湿热。怕上火或者肥胖的人可以吃小枣。

读者评论

1. 看了老师对大枣的介绍后才知道,为什么之前一吃大枣就上火。后来就买了小枣,自己炒得有点焦,然后拿来泡水。喝了有一阵子,我觉得胃舒服了,脸色也好了很多。

——竹木简

2. 买不到金丝枣,用的大枣,文火慢炒,很漂亮,喝了没有上火,但是喝完嘴里酸酸的。

——淘淘鱼

3. 这个喝过,很好喝,暖胃。

——珉珉

4. 这个茶我自己做过,我买的是无核小枣,在无油锅里炒焦,然后泡茶喝,补血养颜,口感很好,还健脾胃。

——橄榄树

秋季的保健茶山楂甘草茶，立冬之后，血脂高、经常吃油腻食物的人还可以喝，肾虚怕冷的人，就加上小茴香一起饮用。

小茴香是大补肾阳的，适合肾阳虚的人常吃。古人随身佩戴它，作为珍贵的香料使用，称为"怀香"。现代人有福，小茴香随处可以买到，所以不要错过这大好的补肾佳品。

红香茶

【原料】

小茴香9克、干山楂（中药名：生山楂）30克、甘草6克。

【做法】

1. 把小茴香放入无油的炒锅，用小火炒一两分钟，变黄出香味后就马上关火。可以一次炒10～20天的量（90～180克），放在瓶子里每天取用。

2. 把炒过的小茴香和山楂、甘草一起，用沸水冲泡，闷20分钟后，当茶饮用。

3. 一天之内可以反复冲泡。

【功效】

1. 高血脂人群冬季保健。

2. 活血，化瘀，淡化黄褐斑。

3. 改善血液黏稠度，软化血管。

1. 感冒、痰多、恶心呕吐时不要喝这款茶。

2. 平时怕热、爱上火(口干、口苦、口舌生疮、牙龈肿痛、小便黄、大便秘结等)的人不适合饮用。

3. 特别爱出汗的人不适合饮用。

4. 胃热(胃病发作时呕吐酸水,感觉特别容易饿,吃得很多却吸收不到营养)的人不适合饮用。

读者评论

1. 喝了几天红香茶,感觉起作用了,确实比较暖和。

——燕儿

2. 我有鼻炎,是身体稍微一冷就发作的那种。喝红香茶有十天左右吧,我觉得流鼻涕的现象好了很多。

——27群读者

山楂一般不生吃，尤其不能空腹生吃。生山楂吃多了伤胃，对牙齿也有腐蚀作用，有龋齿的人特别要当心。

山楂蜂蜜饮

【原料】
新鲜山楂500克、蜂蜜250克。

【做法】

1. 首先为容器消毒：取一个干净的玻璃瓶，放入锅中加清水煮开5分钟，捞出来，晾干水分备用。

2. 新鲜山楂洗干净，锅内加清水烧开后，把山楂放进去煮两三分钟，把山楂外皮煮破就起锅。捞出来去掉蒂和核，放到榨汁机中，加一点清水打成果泥。

3. 在山楂果泥中加入蜂蜜，放一点水拌匀，下锅用小火熬，要不断搅拌，避免烟锅。等水分收得差不多时关火。

4. 等山楂果酱晾凉后，用瓶子密封起来，放到冰箱里冷藏，可以存放一个月。用的时候放入随身杯，用温水稀释1～2倍就可以喝了。

【功效】
降血脂，保护心血管。

读者评论 ------------------------------

1. 炎炎夏日，胃口不开。家中常泡山楂水，晾温，加蜂蜜，全家都爱喝，酸酸甜甜，特开胃。

　　　　　　　　　　　　　　　　　　　　　　——Mahdis小公主

2. 这个茶很好喝，还能降脂减肥。

　　　　　　　　　　　　　　　　　　　　　　——春晓

　　冬瓜各部分都有利水消肿的作用，但比较寒凉，只有冬瓜瓤基本不凉，作用比较温和，秋冬季也可以适量饮用。

　　冬瓜名为"冬"瓜，却是夏天成熟的。如果秋冬季想要减去身体多余的水分，就可以把冬瓜瓤晒干了，留到秋冬季来用。

冬瓜瓤茶

【原料】

冬瓜瓤3个、蜂蜜适量。

【做法】

1. 吃冬瓜时把冬瓜瓤掏出来，切碎，晾干。

2. 分成10份，分别装入10个茶包袋。

3. 每次取1袋，沸水冲泡，闷20分钟后，调入蜂蜜饮用。

【功效】

1. 消除水肿。

2. 美白祛斑。

允斌
叮嘱

新鲜的冬瓜瓤可以用来煮水洗脸，有美白的作用。

读者评论

1. 我的脸非常容易水肿，看过允斌老师的节目，知道只有冬瓜瓤既能消肿又不寒凉。因为肠胃不好，一点凉性食物都吃不了。我一般是第二天有正式场合要参加，头一天就猛喝这个茶，第二天百分之百不会肿。这已经成为我的秘密武器了。

—— 风铃

2. 天气一热我浑身不舒服，经常早上起来脸肿得眼睛只剩下一条缝。从菜市场买了冬瓜回来，掏瓤按照老师的方法做茶。喝了几天觉得去厕所的频率变高了，早起脸也不太肿了，更神奇的是变白了些，脸上的黄褐斑竟然意外地变淡了。这么简单的一个茶方竟然有这么厉害的效果。

—— 扬子双

（六）

四季通用全家
保健小茶方

　　松针可以预防流感、支气管炎，调理风湿关节痛、失眠、神经衰弱等慢性病。

　　甘草有双重功效：补益和解毒。它健脾、补心、益气，又能润肺止咳，还能调理热毒引起的皮肤问题，无论是饮用还是外敷都能增强皮肤的自愈能力。

松针甘草水

【原料】
新鲜松针500克、甘草20克。

【做法】
1. 把洗净处理过的松针加冷水下锅煮开后，转小火煮半个小时，把煮好的松针水过滤出来。
2. 把剩下的松针再次加水煮半个小时，滤出松针水。
3. 重复1、2的操作。
4. 把3次的松针水合在一起，再次煮开，浓缩到300毫升(大约1杯)，放入冰箱冷藏，可以存放一星期。
5. 每天出门前取50毫升放入随身杯，加开水温热后饮用。

【功效】

1. 特别适合慢性支气管炎人群日常保健，每天喝3杯以上效果更佳。

2. 经常喝这道茶饮对祛除青春痘也有帮助。喝的时候，还可以留下一点，用来泡纸面膜，敷脸10分钟，能加强效果。

3. 预防流感。在流感高发期，可以每天喝这道茶饮来提高身体抗病毒能力。

允斌 叮嘱	煮过的松针依然清香扑鼻，晾干后用纱布袋装起来，放入米桶中，可以防虫。

读者评论

松针和甘草煮出来的水非常地清香，家里的香味久久不散。全家人一起喝，竟然各有各的好处，我喝了觉得慢性支气管炎的老毛病舒服了很多，我女儿喝了痘痘消去了一大半，真的和老师的书名一样，茶包小偏方，喝出大健康。

——海燕

牛蒡是保健作用很强的蔬菜，适合全家人每天食用。

牛蒡消肿解毒的功效强大，不仅能消除咽喉肿痛、痘痘等，科学家们对于它抗癌、抗肿瘤的作用也十分推崇。

牛蒡茶

【原料】

牛蒡1根。

【做法】

1. 新鲜牛蒡洗干净，带皮斜着切成长圆形的薄片，再切成细丝。

2. 放入微波炉高温烤2分钟，让牛蒡丝呈半干的状态。

3. 放入高压锅里，不盖盖子，开小火，轻轻地不断翻炒，把牛蒡丝炒到干脆，散发香味为止（注意：可以分几次炒，每次放的量刚好覆盖锅底比较合适，容易炒得均匀）。

4. 用容器密封保存。

5. 每次取一小把，沸水冲泡，闷10分钟后饮用。

6. 冲泡几次后，茶水颜色变浅，牛蒡丝泡到发白时，可以捞出来吃掉。

【功效】

1. 清血排毒，防治血毒引起的后背长痘、面部痘痘。

2. 防癌，预防三高、胆结石。

3. 消除咽喉肿痛。

4. 调理实火引起的大便干燥、便秘。

读者评论 ------------------------------------

1. 牛蒡茶太爱了呀。每天大便很舒服，没有便秘的烦恼了。

——Jutta

2. 牛蒡茶喝得我痘痘消了很多，特别感谢老师。

——丹

3. 太阳穴、腮帮子跟脖子连接处，困扰了我几年的成人痘痘，喝了不到一个月的牛蒡茶，基本上不冒痘了，口气也没了。感恩。

——小芳

4. 我儿子额头上长了青春痘，我就用牛蒡泡茶给他喝，真的有效哦，额头上只有少数几个了。我只是抱着试试看的想法，没想到真的有用。以前医生还说开药给他吃，幸亏没吃药。小偏方解决大问题。

——似水流年

5. 今天早上给闺女煮的罗汉果牛蒡茶，喝完半小时就排便了，她开心地说："妈妈，你养生老师的方子真管用。"她在学校有时三天才拉一次大便，明天上学准备让她带着牛蒡茶去。

——宝霞

6. 昨天喝了牛蒡茶不到两个小时就上厕所了，太舒服了。

——洁洁

7. 喝牛蒡茶有一段日子了。第一好：大便好解，而且排毒效果非常好，大便基本上没有以往不好闻的气味。第二好：我的敏感点——嗓子，以前只要有点受寒，第一反应就是嗓子很不舒服，现在基本上没有嗓子难受的现象。而且有一次脖子上长了一颗又红又大的痘痘，很痛，喝了两天牛蒡茶，慢慢消了下去。好像还有减肥的作用，感觉体脂没有那么多了。

——可儿

8. 今天口腔溃疡了，下午喝了牛蒡茶后好多了，真好。

——杨平

9. 我以前只有在喉咙不舒服的情况下用牛蒡，这次"五一"出行，上火、便秘，用热水闷泡了一包牛蒡，第二天症状全无。牛蒡真的是好东西。

——怡瑾

10. 牛蒡茶祛痘的效果真好，连着喝两三天，额头的痘痘明显少了。

——暖

11. 老公喝牛蒡茶快一个月了，之前便秘得厉害，今天告诉我现在大便正常了，肚子也小了。牛蒡真的可以减肥排毒，感恩陈老师。

——小丽

12. 喝牛蒡茶不仅对身体好，还能减肥呢。我一直在喝牛蒡茶，皮肤光滑，体重也下降了。

——安和

13. 我脸上长的痘很顽固，一年几乎不分季节地长。更是不能吃辣的，不然还不容易下去！听了老师关于牛蒡祛痘的课，我就想试试看。买了牛蒡茶的第一天，放得多了，没喝几口就不想喝了！并且嗓子格外痛！过了两天，我减少牛蒡的用量，淡淡的、说不出的味道，比第一次好喝多了，于是我就坚持喝牛蒡茶。痘痘也不那么顽固了，偶然出来也很快就下去了。皮肤比以前好多了。这都要归功于老师的顺时饮食。

——慧

常吃枸杞子, 可以使人精力充沛, 还能预防腰酸腿软。

牛蒡枸杞茶

【原料】

炒好的牛蒡茶300克、120粒枸杞子。

【做法】

1. 把全部原料分成10份, 分别装入10个茶包袋。

2. 每次取1袋, 用沸水冲泡, 闷10分钟后饮用, 可以反复冲泡。

【功效】

1. 增强体力, 促进新陈代谢, 也适合糖尿病人保健饮用。

2. 强筋壮骨, 预防贫血。

3. 使皮肤保持细腻。

1. 牛蒡枸杞茶，夫君长期喝后血糖稳定了。

　　　　　　　　　　　　　　　　　　　　——wL

2. 牛蒡茶真的很好，每天坚持与枸杞子一起泡来喝，喝完一盒，不知不觉脸上、下巴和脸颊两侧的痘痘都没有了。

　　　　　　　　　　　　　　　　　　　　——山鸡米

3. 让家里的糖尿病人喝，有效果，但是必须坚持喝。

　　　　　　　　　　　　　　　　　　　　——茶白月色

4. 女儿的工作跟客户打交道多，说话自然就多。一旦感觉嗓子不舒服，她就会泡牛蒡枸杞茶，说喝了很舒服，眼睛也舒服、不感觉疲劳！现在家里备的老师推荐的食材很多，遇到各种情况，就会有针对性地泡水喝，喝两天就见效再不用吃药！几年了家里没有一片药，都是用老师的食方调理！

　　　　　　　　　　　　　　　　　　　　——百合

5. 老妈喝了眼睛很舒服。

　　　　　　　　　　　　　　　　　　　　——淘淘鱼

6. 这款茶很好，我喉咙痛，一喝就不痛了。

　　　　　　　　　　　　　　　　　　　　——锦衣卫

7. 常用牛蒡枸杞子泡茶给常用眼、读书多、熬夜的儿子喝，发现他脸上痘痘少了，皮肤细腻，很有精气神。

　　　　　　　　　　　　　　　　　　　　——Mahdis小公主

8. 牛蒡确实是好东西，生吃、泡茶效果都很明显，加上枸杞子味道更好喝。

　　　　　　　　　　　　　　　　　　　　——Mary

枸杞子也被称为"明目子"，它明目的功效是很突出的。眼睛发花、迎风流泪或是两眼干涩的人，吃枸杞子都有好处。

枸杞桂圆茶

【原料】

枸杞子500克、干桂圆肉100克。

【做法】

1. 把两种原料分成10份，分别装入10个茶包袋。

2. 每次取1袋，沸水冲泡，闷20分钟后饮用，然后把枸杞子和桂圆肉都吃掉。

【功效】

1. 预防白内障。

2. 滋补心、肝、肾，养血安神。

3. 改善面色苍白现象。

允斌
叮嘱

枸杞子光是泡水作用不够，最好是泡水后吃掉。

 →

中国人的传统饮料，很多是由药方演变而来，体现了药食同源的中华特色。梅汤是其中的代表，传承千年不衰，可以说是"国民饮料"。

梅汤酸甜可口，是大众普遍喜爱的口味，而它的保健作用也同样对大众普遍适用，尤其适用于夏秋冬三季。

梅汤不仅特别适合日常养生，治起病来，有时比药还好使，常有令人意想不到的效果。

所以从古到今，从王公贵族到老百姓，日常都离不开这一碗保健品。庚子之乱，慈禧太后逃到陕西，仍然坚持每天喝梅汤，派人往太行山取冰制作。

甘草陈皮梅子汤（四季酸梅汤）

【原料】

乌梅6个、川陈皮1/4～1/2个、大枣6个、山楂10克、甘草5克。

【做法】

沸水闷泡30分钟，有条件煮水更佳。

【功效】

1.健脾益胃。

2.调肝利胆。

3.滋阴养血。

4.消除疲劳。

1. 孕妇饮用时需要减去山楂。

2. 女性经期不饮。

3. 人们以为酸梅汤就是酸甜味,其实真正的梅汤,喝起来除了酸甜还带有微微的苦味,这是因为乌梅的传统炮制方法采用百草烟熏,这样才能使乌梅具备新鲜梅子所没有的药效。

4. 怕酸的人可以加入一个罗汉果一起煮,就会甜了。

读者评论

1. 我以前经常失眠,去年夏秋冬一直坚持喝甘草陈皮梅子汤,现在睡眠很好!

——22群读者

2. 国民养生饮料,老少皆宜的甘草陈皮梅子汤,每到夏天都是离不开的,对口干舌燥、心烦、胃口不好都有很好的改善,加上罗汉果一起泡非常好。

——小邹

3. 我和我崽都喜欢喝酸梅汤。我每次下巴或者鼻子上长那种又大又肿的痘痘时,喝了酸梅汤,第二天就没那么痛了!

——小小淑

4. 前段时间我家孩子一直咳嗽有痰,近几天每到晚上手上就有很多小红点,早上起床又没有了,连续几天都这样。我用甘草陈皮乌梅汤煮水给孩子喝,喝了第一天就少了很多,第二天、第三天就全没有了,连咳嗽声也听不到了,痰也没了。真的特有效。

——2群晴天

5. 我推荐酸梅汤给邻居妹子喝,几十元下来治好了她多年的背部腹部酸胀、呕气。她说之前到上海各大医院去看,熬中药用了好几罐煤气,西药也吃了不少,不知道什么毛病,困扰很多年了,很痛苦。现在几剂下去好了!追随老师好几年,我也能帮助到他人,很开心。

——周周

6. 喝酸梅汤，小孩胃口明显改善。

——Rachel

7. 昨天吃多了上火食物，今天煮乌梅汤喝，喝了一杯喉咙很舒服。

——南冰韵

8. 上午煮梅子汤加了罗汉果。每天喝梅子汤，更年期出汗好了许多。

——冯宝霞

9. 之前睡觉老出汗，喝了陈皮梅子汤，就这样不知不觉地不出汗了！

——莫说莫做

10. 以前我只在夏天喝冰酸梅汤，看了陈老师的文章才知道酸梅汤还可以治病，最大的效果就是现在去外面吃饭不会拉肚子了！

——玲

11. 今天吃饭有点油腻，感觉有点不舒服，下午煮了甘草陈皮梅子汤，感觉舒服多了。

——徐小平

12. 好喝，解渴，还能治疗小便发黄及上火，这是我的发现。

——涂涂

13. 我女儿11岁，以前睡觉汗也蛮多的，去年喝了几次甘草陈皮梅子汤之后，效果非常好！

——刘燕

14. 我家小孩睡觉经常出很多汗，这几天坚持煮加强版梅子汤，喝了三天就明显没出那么多汗了。

——海燕

15. 喝了甘草陈皮梅子汤，睡觉不燥热，不出虚汗了，睡眠质量好了很多。

——一只小呆龙

16. 我这几天每天晚上上呼吸道又干又疼，以为是上肺火了，喝了果菊清饮，可是到晚上还是很难受。昨天我又复习了下老师的上火了怎么办，我觉得我有可能是上火了，我就立刻煮了罗汉果梅子汤，昨天晚上就没有干疼了，今天我要继续喝罗汉果梅子汤。

——雪天

17. 昨晚贴了茱萸贴，白天喝了1/4杯酸梅汤，还是加了米粥的（因为实在太酸了），今天4：45醒的，感觉没有做梦！半夜12点多被闹钟吵醒（白天误设），感觉很困，起来关掉后马上又睡着了！以前是不敢想象的，竟然能睡到天亮！

——曹玲

18. 饭前喝了两杯梅子汤，饭后睡了一小觉，又饿了。吃了上午剩下的橙子肉，现在浑身发热，头不疼了。这也太管用了！

——彩霞满天

（七）办公室备用应急小茶方

如果平时早上脸不肿，熬夜、吃夜宵后第二天早上起来脸会有点水肿，可以喝薏米瓜仁茶来帮助消肿。

如果每天起床都脸肿，则要坚持喝一段时间薏米消肿茶（见本书对症调养篇 289 页）。

薏米瓜仁茶

【原料】

炒薏苡仁250克、炒冬瓜子50克、陈皮50克。

【做法】

1. 吃冬瓜时，从冬瓜瓤中掏出冬瓜子，晾晒一个星期。

2. 把冬瓜子与薏苡仁一起放入无油的炒锅，用小火翻炒到发黄起锅。

3. 把炒过的薏苡仁和冬瓜子混合，和陈皮一起放进料理机打碎，装瓶密封。

4. 每次取2勺，用沸水冲泡，闷20分钟后当茶饮，可以反复冲泡。有条件煮水更好。

【功效】

1. 清肺热，消水肿。

2. 瘦脸。

允斌
叮嘱

孕妇忌食薏苡仁。脾胃虚寒的人也要少吃。

舌尖长泡与口腔溃疡不同，后者是湿毒，前者是心火。当人压力大的时候，心火一上来，舌尖会很快起泡。

舌尖经常长泡的人，可以在夏天吃西瓜时，将外皮翠绿的那一层薄薄地削下来，晒干，装入茶包袋，随时用来应急。

清心翠衣茶

【原料】

西瓜翠衣100克（干品）、蜂蜜。

【做法】

1.西瓜翠衣就是西瓜外层的青皮。

2.把晒干的青皮切成小片，分成10份，分别装入10个茶包袋。

3.每次取1袋，沸水冲泡，闷20分钟后，调入蜂蜜饮用，可以反复冲泡。

【功效】

1.预防舌头长泡。

2.清热止渴，适合经常咽喉干燥疼痛的人饮用。

读者评论

前几天我舌头长了一个小白点，很疼，正好老公买了一个西瓜回来，我就看了老师的书，说西瓜皮煮水加冰糖（也可加蜂蜜）可以调理，我赶快试了起来，煮开喝了一杯。今天起来到现在没事了，神奇的效果。

——27群读者

压力和焦虑最容易使人上心火。

急性的心火一般有这几种症状：

口舌生疮。舌头或者口角长疮，很可能是心火旺的表现。很多人一吵架嘴上便会起一串大泡，这也是急火攻心造成的。

心悸失眠。当火毒停留于心，睡眠就会受到影响，晚上睡到一半容易醒来，醒时觉得烦热心悸，并且再睡的时候觉得心口有点烦闷。

焦虑不安。有些人在考试前思虑过多、精神压力大，也会导致心火旺盛，造成精神紧张、心烦易怒、焦虑不安。

当有急性的心火上来的时候，可以喝这杯茶救急。

莲子清心茶

【原料】
莲子心30克、绿茶30克。

【做法】
1. 两种原料分成10份，
   分别装入10个茶包袋。
2. 每次取1袋，冲入沸水，
   闷5分钟后饮用，可以反复冲泡。

【功效】
清心火、降血压，适合血压高同时感觉心烦、脸红、头晕的人。

1. 一天喝两杯，喝到心火降下去就停止，最多不要超过三天。

2. 这个茶方的搭配有一个很妙的地方：莲子心单独泡水很苦，绿茶也有苦味，但二者搭配起来喝，却没有那么苦了，而且还会带有一种清香。绿茶在这个茶方里起到药引的作用。绿茶有利小便的功效，心火往下清，就是要从小便排出。

读者评论

1. 前几天晚上我感觉心静不下来，失眠，于是就喝了两杯莲子心绿茶。晚上一觉睡到天亮，真神奇！这个方子太实用了！

——吉祥鱼

2. 之前上火，晚上入睡比较难，睡着了会热，而且前两天舌头溃疡了，好疼。按照老师的方法用绿茶加莲子心泡水，才喝了两天，溃疡已经完全不疼了。昨天睡得很好。

——42群读者

3. 今天继续喝了3大杯的莲子心绿茶，口角炎已经结痂，不痛了，太神奇了！自己翻书仔细查阅了，口角炎是因为心火旺，正好对症食疗。

——meiyan

4. 这两天心火大，不知不觉眉心起了个大痘，鼻子下面也要起，赶紧喝了两杯莲子心绿茶。今天早上眉头上的已经瘪下去了，鼻下的没发起来。

——27群读者

5. 昨天下午舌头疼，喝了莲子心绿茶，今天不疼了。

——北京-瑞

6. 老师的绿茶配莲子心小茶方，适合要考试的孩子喝。茶一点都不苦，并且每天精神好，神奇的是晚上喝了不失眠，女儿推荐给班上同学喝了。

——43群读者

7. 昨天买了龙井绿茶和莲子心喝了一下午，出了很多汗，今天不太烦躁了。

——乐观

8. 我从昨天开始喝莲子心绿茶，上午3杯，下午3杯。本以为会不停地跑厕所，谁知道和平常一样，夜里也没有，照样睡得香！这是我学着养生以来最喜欢喝的一款茶。

——45群王丽

9. 昨天下午舌头疼，喝了莲子心绿茶，不疼了，今天继续喝！

——5群瑞

　　新鲜桂花泡茶，香气令人沉醉，而且舒肝养胃，使人不易产生难闻的口气。

　　为了能随时享受到桂花的香气，我们可以用盐来保存，或者腌制成桂花蜜。

　　桂花也是养肺的，它是温养。一般来讲，花的药性以寒凉居多，但桂花与玫瑰一样是温性的。秋季人容易咳嗽，很多人一咳嗽就想到炖梨吃。但如果嗓子不疼只是发痒，痰色发白（这种是寒痰），就不可以用梨，倒是可以用桂花泡茶来喝，有化痰、止咳喘的功效。

新鲜桂花蜜饮

【原料】
新鲜桂花250克、梅子酱50克、蜂蜜500克。

【做法】
1. 取一个干净无油的玻璃瓶，用开水烫过消毒。
2. 新鲜桂花处理干净后，蒸锅里放水烧开，
   把桂花放盘子里入锅蒸1分钟后起锅。
3. 把桂花放入玻璃瓶，加入梅子酱，
   搅拌均匀。

4. 最后倒入蜂蜜，让蜂蜜完全覆盖住桂花，封住瓶口，腌制两个星期即成桂花蜜。

5. 每次取2勺，放入随身杯，温水稀释饮用。

【功效】

1. 舒肝，醒脾，开胃。

2. 润肺，化痰，预防咳喘，清新口气。

3. 预防牙龈肿痛。

允斌 叮嘱　梅子酱的做法可以参考《吃法决定活法》（115页）冰梅酱的做法。

读者评论

1. 桂花蜜饮吃了以后消食开胃。

——荷叶

2. 吃酒酿鸡蛋时喜欢放桂花蜜，胃里暖暖的，很舒服。

——Mahdis小公主

八

女性保养
小茶方

月经之前的日常保养：玫瑰红糖茶

女性在生理期之前容易有经前期综合征，表现为爱发脾气、头痛、肚子痛，有的人还会感觉肚子胀胀的。

在生理期到来之前，预先连喝两三天玫瑰红糖茶，可以帮助您比较顺畅地度过生理期。坚持每个月饮用，还有养颜和淡斑的作用。

玫瑰红糖茶

【原料】
干玫瑰花蕾12朵、红糖适量。

【做法】
把玫瑰花蕾、红糖一起放入杯中，用沸水冲泡，闷5分钟当茶饮，可以冲泡三遍。

【功效】
1. 调理经前期综合征，预防经期不适。
2. 理气、化瘀、止痛。
3. 养颜、淡斑。

允斌叮嘱	1. 红糖是生湿热的，配上玫瑰花就不容易上火，因为玫瑰花有一个清补的作用，可以清肝热。
	2. 男性气血不通的人，也可以喝这个茶方。

1. 坚持喝玫瑰红糖茶，唇色不灰了。

　　　　　　　　　　　　　　　　　　　　——徐翔云

2. 玫瑰红糖茶是我用的时间最长的茶方。2017年买了老师的所有书籍，开始喝玫瑰红糖茶，生完孩子后月经提前的问题从提前七八天到现在提前一两天，痛经减轻，眼角的斑变淡（同时在用老师的柿叶祛斑方）。

　　　　　　　　　　　　　　　　　　　　——兰兰

3. 玫瑰红糖茶是众多茶方中我用着效果最显著的，仅仅在经前饮用几次而已，痛经就非常明显地改善好多！

　　　　　　　　　　　　　　　　　　　　——慧爱

4. 跟大家分享一下，去年开始喝玫瑰红糖茶，月经提前的问题大大改善。以前是提前一周甚至十天，现在提前三四天；而且痛经也好多了，以前都是疼得直不起腰。感谢陈老师。

　　　　　　　　　　　　　　　　　　　　——27群读者

5. 喝了快一周的玫瑰红糖水，这次来月经前没感觉腰酸腿软。太神奇了！

　　　　　　　　　　　　　　　　　　　　——28群读者

6. 书中的茶方都很好，我用得最多的是玫瑰红糖茶和三花陈皮茶，每次来月经前坚持喝玫瑰红糖茶，月经前头痛的症状没有了，乳房也没那么胀痛了，脾气也不暴躁了。

　　　　　　　　　　　　　　　　　　　　——秋水伊人

7. 喝玫瑰花茶心情会好，不会纠结很多事，心情不再烦躁，熬夜护肝，月经前舒肝畅经。

　　　　　　　　　　　　　　　　　　　　——苏苏

8. 我用玫瑰红糖泡水喝了一段时间，改善了每次月经前胸部胀痛的问题。

　　　　　　　　　　　　　　　　　　　　——罗路华

9. 喝玫瑰红糖茶十多天了，有效地解决了月经不调现象，同时经期的痛经也缓解了，脸上的斑点比原来淡化了许多。

　　　　　　　　　　　　　　　　　　　　——畅然

10. 在月经前喝玫瑰红糖茶特别舒服，缓解了经期前的急躁，月经期间也舒畅了许多。

　　　　　　　　　　　　　　　　　　　　——健美

11. 老师的玫瑰花红糖茶我一直坚持喝，玫瑰有舒肝理气、活血的功效，例假来得准时又顺畅！

　　　　　　　　　　　　　　　　　　　　——女英

12. 玫瑰红糖茶，每次月经来前喝一周，对经前期综合征效果明显，改善了经期的不适感。

　　　　　　　　　　　　　　　　　　　　——高高

13. 大姨妈以前都不准时，不是提前就是延后。看了陈老师的书，每次经前开始喝玫瑰红糖茶，每个月都坚持喝，结果每月都来得特别准时，也没有往常的痛经了。跟着陈老师养生真的太幸福了。

——提昂哈

14. 之前每次月经前都头疼、肚子胀痛，这次有幸拜读了陈老师的玫瑰花茶的文章，喝了一周左右，这次月经居然没有再头疼，肚子也没那么胀痛了！感恩陈老师带给我们的养生知识！

——dore

15. 要来例假前，人总是容易烦躁、发脾气，喝了玫瑰茶，心情就会好很多。

——梳子

16. 今年立春开始，就跟着老师的提醒常泡玫瑰茶来喝，煮乌梅汤的时候也会加玫瑰花进去。平常我大姨妈来之前几天都会心情郁闷，容易发脾气，而且还乳房胀痛。而喝了玫瑰花茶的那个月，大姨妈静悄悄就来了，没有预报了。平常是玫瑰花加蜂蜜，经期就加红糖。第二个月就放松了，没泡玫瑰茶喝，差不多时候就开始觉得乳房胀痛，我就再泡玫瑰茶来喝，胀痛就缓解了。这玫瑰花的舒肝解郁功效真不是盖的。以后还是不能放松，经常喝一喝还是好的。有了这法宝，就不会有经期前的不良反应了。

——49群读者

17. 由于职业原因，我经常会生闷气，有点肝郁。左侧附件还长了2厘米的囊肿。在公众号看到陈老师分享说玫瑰解肝郁，还能去瘀血。群里也有不少人分享喝玫瑰茶的好处，除去月经量大时不喝，其余时间坚持喝玫瑰红糖茶。有时觉得甜得太腻，就换成玫瑰陈皮的组合。坚持了五个多月，检查发现囊肿消失了。感谢陈老师分享！

——38期云凉

月经前身体水肿：葡萄消肿饮

有的女性在经期前会产生水代谢问题，身体轻微水肿，可以喝这道消肿饮。

葡萄消肿饮

【原料】
葡萄干150克、生姜皮50克。

【做法】

1. 把生姜放入加面粉的清水中泡10分钟，将表皮清洗干净。用厨房用纸吸干表面的水分。

2. 削下姜皮，放通风处晾2～3天至自然干燥。

3. 全部原料分成10份，分别装入10个茶包袋。

4. 每次取1袋，沸水冲泡，闷10分钟后饮用，可以反复冲泡。

【功效】

1. 健脾、利水、通小便。

2. 缓解身体轻微水肿，适合女性经期前饮用。

 →

读者评论

1. 葡萄消肿饮，这款茶喝了真的可以消肿。

——红

2. 生姜皮很难收集，晒了会变得很小。

——淘淘鱼

月经前腹部胀痛：红果怀香茶

有的女性在月经还没到来之前，就感觉腹部胀痛。这种情况可以在生理期之前，喝一周红果怀香茶，到月经开始时停止饮用。

小茴香是大补肾阳的，适合肾阳虚的人常吃。它能温暖人体的下焦，又能理气。凡是身体的下半部分有寒湿、气滞、疼痛的情况，比如痛经、腰痛、肠痉挛、遗尿等等，都可以用它调理。

红果怀香茶

【原料】
小茴香180克、干山楂600克、红糖150克。

【做法】
1. 把小茴香放入无油的炒锅，用小火炒黄。
2. 把红糖用少量水溶解，把干山楂放入泡透，然后一起下锅，用小火不断翻炒，到红糖不黏手的时候起锅。
3. 把小茴香、红糖、山楂分成20份，装入 20个茶包袋。
4. 每次取1包，用沸水冲泡，闷20分钟后饮用，可以反复冲泡。

【功效】
1. 调理女性月经前腹部胀痛。
2. 暖胃助消化，适合胃胀痛、消化不良的人饮用。

孕期、月经期间不要饮用。

读者评论

1. 这次来月经明显比以前有精神。以前非常疲惫，这次好很多的原因是在来之前两三天喝了红果怀香茶。比起来了之后再调理，提前几天准备有用许多。

——默默

2. 自己一直痛经，因为老师讲的山楂红糖茶很简单实用，每次来例假前喝一个星期，真的不痛了。

——怡

3. 过年油腻吃多了，胃很不舒服，喝了红果怀香茶，胃就舒服了！

——海燕

4. 秋冬季节，因碰凉水频繁，小腹会坠痛。来杯红果怀香茶，暖暖的，半小时不到的工夫，不痛了。每次出现这种情况，用此方法都能立刻见效。

——Mahdis小公主

5. 效果很好，我是气滞血瘀体质，身体寒湿，每次来例假都很疼。提前一周喝，这么多年来第一次不疼。这是我学习允斌老师的书用的第一个食方。后来一直喝，但是有个情况是下午喝了会小腹胀、轻微牙龈肿。

——淘淘鱼

6. 暖身效果明显。

——荷叶

7. 会在冬天给奶奶泡着喝！活血化瘀，祛寒止痛，消食开胃！特别好。

——冉冉妈妈

8. 脾胃不好，就从书上找来这个方子，很方便。每次觉得胃不舒服，就会泡水来喝，基本半杯就能缓解症状。

——樱子

9. 这方子特别好用，我是三个孩子的妈，35岁，经常腰痛，痛时弯腰都不行。别人都笑我年纪轻轻就腰疼，我就去药店买了这几样，喝了第二天就不痛了。我连续喝了五天后，很久都没有腰痛过。分享给朋友，都说有很好的疗效。

——金田123~姚遥

这是一道调理月经迟来, 同时伴有脾气急躁现象的女性的茶方。

山楂红糖茶

【原料】

干山楂300克、红糖300克。

【做法】

1. 把原料分成10份, 放入10个茶包袋中。

2. 每次取1袋放入随身杯, 用沸水冲泡, 闷20分钟后饮用, 可以反复冲泡。

【功效】

1. 化瘀血、生新血, 调理长期头晕耳鸣又感觉心烦的现象。

2. 淡化偏暗的面色和唇色。

允斌叮嘱

1. 山楂破气破血的作用很强, 不宜单独饮用, 加上补气的甘草、红糖或大枣就平和了。

2. 适宜平时饮用, 月经期间不饮。

读者评论

1. 我嘴唇乌黑, 怀疑自己有瘀血, 就喝了这款山楂红糖茶, 果然唇色变红一点了。更让我觉得神奇的是, 每次喝完午睡特别容易入睡, 平时是很难睡着的。

——小露珠

2. 喝了三天山楂红糖水! 今天例假来了。

——柏云

3. 昨天煮了一次山楂红糖茶, 今天例假就来了, 很不错! 尤其对月经推迟的人。感恩陈老师。

——畅

4. 我本来12号要来例假, 昨天都14号了还没来, 有些着急, 就用了红糖和山楂泡水喝, 今早就来了。

——27群读者

月经时而提前，时而推迟：玫瑰月季茶

有的女性经期不规律，时而提前，时而推迟，这种情况与肝气有关系，平时可以常喝这个小茶方来调理。

经量过多的女性在经期不要饮用这个茶。

玫瑰月季茶

【原料】

干玫瑰花60朵、干月季花60朵、红糖200克。

【做法】

1. 全部原料分成10份，分别装入10个茶包袋。

2. 每次取1袋，沸水冲泡，闷5分钟后饮用，可以冲泡3遍。

【功效】

1. 理气解郁、活血化瘀。

2. 预防黄褐斑。

3. 调理腹胀痛经，适合月经周期不规律的女性。

月季和玫瑰的区别：

月季和玫瑰是姊妹花，很容易被人们混淆。鲜花店出售的漂亮"玫瑰"，其实是月季花；花园和公园里栽种的各种颜色的"玫瑰"花，大部分也是月季。真正的食用玫瑰是不做观赏用的，而且一般只有粉红色。

月季和玫瑰的不同之处：

1. 花期不同。玫瑰只在每年的春末夏初开放，而月季则长年开花，在北方可以一直开到下雪之前。

2.原产地不同。玫瑰是舶来品，而月季是中国自古以来就有的，在西方，它的名称直译过来就是"中国玫瑰"。

3.功效不同。玫瑰花与月季的作用相似，但月季长于活血，玫瑰长于理气。

玫瑰既能调肝又能养脾，比月季更适合于日常保健。

月季专入肝经，比较适合治病，它是调理女性月经的妇科良药。

购买干品时如何鉴别?

月季花蕾大，颜色比较红。

玫瑰花蕾小，颜色偏粉或发紫。

玫瑰只开一季，比较金贵，所以价格较高。

读者评论

1. 让闺女在经期前三天喝玫瑰月季花茶，治痛经特别好。闺女这些年一直在喝，不再买止痛药吃了! 介绍这个方子给周边朋友，都说特有效果!

——张倩

2. 我喝了两个多月了，月经的颜色比以前红了，月经前后时间相差不那么多了。

——凌云

月经期间，血瘀引起痛经：核桃红糖茶救急

很多人不知道，核桃有活血化瘀的作用。记得小时候妈妈特别强调过：核桃是"追余血的"，也就是说核桃可以帮助排出人体内残留的瘀血。特别是对于女性血瘀痛经和产后恶露不尽，核桃有特效。

女性痛经严重，甚至痛得蜷身躺在床上起不了身，可以试试我家的这个小秘方。

这个方子公开后多年来收到了大量的经验反馈，效果很好，许多人喝下去疼痛可以当场缓解。

核桃红糖茶

【原料】
核桃仁1 000克、红糖2 000克。

【做法】
1. 先把核桃仁放入无油的炒锅用小火炒香，再用刀切碎，或用料理机打碎，晾凉后与红糖一起拌匀，分成20份，分别装入20个茶包袋，装瓶密封，放阴凉处或放入冰箱冷藏。
2. 每次取1袋，用沸水冲泡，闷30分钟后饮用。

【功效】
1. 缓解血瘀引起的痛经。
2. 活血、养血，调理产妇恶露不净。
3. 预防成年女性内分泌失调引起的周期性面部长痘及斑点。

允斌叮嘱 核桃仁的外皮一定要留下才有效。痛经的女性，可以在月经来潮前两天开始喝，一直喝到月经第三天。

读者评论

1. 我每次都是刚有痛经感觉时就赶紧喝"核桃红糖茶"，很暖和，肚子很舒服也不疼了。以前疼得躺在床上不能动，死去活来的。

   ——马六艺

2. 我从中考就开始痛经，折磨我很多年了，每到经期必须休息一两天！自从喝了陈老师的方子，血的颜色鲜红了，痛经也减轻到几乎没有感觉，而且连腰痛以及胸痛的毛病都好了很多！真是感恩老师！遗憾没有早点认识老师！

   ——袁螺

3. 经期肚子疼，一碗核桃红糖茶喝下去，立竿见影，疼痛感减轻了不少！

   ——meiyan

4. 我有时候痛经会肚子疼、头疼，严重时会呕吐，所以我妈会给我熬这个核桃红糖水来喝，效果很不错。

   ——22群读者

5. 核桃红糖茶治痛经特管用。现在我身边的人都在用陈老师的茶包小偏方，都把我叫成老中医了。老师的很多方子说得都特别详细，功效也特别好！现在老的小的都在用！

   ——转

6. 感谢陈老师这个方子。痛经疼得我只能趴着，肚子胀得受不了。喝了核桃红糖水，两天就明显减轻，第三天基本不疼了。谢谢陈老师！

   ——芳草清清

7. 核桃红糖汤，治痛经真棒，喝了马上就有效。接连两次月经都喝了这款茶，这次来时一点儿痛感都没有。继续巩固一下。它也可以作为月经期的辅助调理，帮助排出身体的瘀血哦。

   ——peaceful

8. 核桃仁煮红糖，活血化瘀效果确实好。我十几年来月经都是淋漓不尽，这次在经期连续喝了三天的核桃仁红糖水，五天结束，干干净净。供大家参考。

——叙

9. 遇上经期不舒服，用核桃和红糖一起煮水喝，热乎乎地喝下去，大约两小时后，就有大块的瘀血排出来，然后就很舒服了。我来月经虽然不是很痛，但是有一点轻微不舒服，真没想到这个茶方效果这么好。之前拖拖拉拉，大约一个星期，这次居然就四天，干干净净。真是太神奇了。

——12群读者

10. 昨天中午月经刚来腹痛，月经颜色黑，我就照着老师的方法煮了一大碗核桃红糖汤，趁热喝下。晚上还有点疼，今天一点都不疼了。

——peace

11. 我今天大姨妈第二天，走了一天的路赶各个场子开会。昨天痛经，昨天晚上喝了核桃红糖水，今天走那么多路，一天下来精神还很好。强力推荐核桃红糖水啊！

——芬

12. 我平时没有明显痛经症状，喝核桃红糖茶是为了排经血顺畅，谁知刚才看到一大块瘀血直接排了出来，非常惊讶，因为平时一切冷的凉的都不吃，也很少吹冷气，不承想还是有这么一大块的瘀血，这个是意外收获。所以姐妹们，体内瘀血我们没有办法知道存不存在，痛不痛经还是建议喝核桃红糖水，这是借助核桃红糖水更好排瘀。如果像我这样排出大块瘀血就再好不过了。

——小兵

13. 这次来例假，头三天喝了核桃红糖水，身体非常舒服。后几天没有再喝，今天腰疼得厉害，就又煮了核桃红糖水喝，下午就没事了。还有我喝了核桃红糖水后，睡眠超级好。

——磊子

14. 老师说月经来之前喝活血化瘀，真的，我月经快来时腰酸背痛。我昨晚煲了喝，今天醒了真不再腰酸背痛的。

——紫缘物语

15. 昨天用了核桃红糖茶，感觉心脏有力了。没想到核桃、红糖这么普通，功效这么大！

——27群读者

月经期间的日常保养：归枣红糖茶

当归被称为"妇科人参"。女性经期，可以作为保养品来吃，长期坚持效果很好。

归枣红糖茶

【原料】

红枣60个、当归片100克、红糖30～60小块。

【做法】

1. 当归切成薄片，和红枣一起分成10份，分别装入10个茶包袋。
2. 每次取1袋，加入3小块红糖，沸水冲泡，闷10分钟后饮用，可以反复冲泡。每次冲泡时可以再次加入红糖。

【功效】

1. 预防眼睛疲劳。
2. 健脾养肝，益气补血。
3. 使面色红润。

允斌叮嘱

1. 月经量过多的女性少饮。
2. 经期适合多吃红糖。如果不是经期饮用，红糖可以减量。

读者评论

1. 例假来时，归枣红糖饮可以消除痛经不适。因为不痛情绪也会稳定些，整个人也不烦躁了，安稳度过经期，真的很给力。

　　　　　　　　　　　　　　　　　　　　　　　——Mahdis小公主

2. 以前经期量少，头痛，肚子痛。这个月喝了当归红糖水，排出很多血块，量也多了，感觉很舒服，而且头和肚子都不痛了……能够遇见陈老师，是我的福气！

　　　　　　　　　　　　　　　　　　　　　　　——空谷幽兰

3. 昨天中午，人特别不舒服，脉弱细沉，气不足，全身瘫软无力，这种症状一年要出现好几次。顺时以来快一年了，这种症状逐渐减少。我按照茶包书里的量煮了一杯很浓的归枣红糖茶喝下去，到下午3点多的时候，那些不适感都没有了，爬楼的时候都不感觉累喘，效果非常棒！谢谢陈老师，给了我们这么多简单易操作又有效的方子！

　　　　　　　　　　　　　　　　　　　　　　　——柒月

女性宫寒: 汉宫椒枣茶

这是一道调理女性下焦寒湿——白带清长、长期痛经、肠胃虚寒、慢性腹泻等症状的茶饮。受凉腹痛的时候，特别是女性经期沾凉水以后腹痛，也可以喝这款茶来缓解。

汉宫椒枣茶

【原料】

花椒70粒、小黄姜30克、红枣60个、红糖20小块（约300克）。

【做法】

1. 将全部原料一起分成10份，分别装入10个茶包袋。

2. 每次取1袋，用沸水冲泡，闷10分钟后饮用，可以反复冲泡。

【功效】

1. 女性宫寒痛经。

2. 祛除下焦寒湿。

3. 预防成年人寒湿重引起的下颌长痘（肝火旺的人，痘痘长在面部其他部位的，可以喝三花陈皮茶来预防，见本书对症调养篇164页）。

允斌叮嘱 泡茶的花椒，一定要选好的，切勿用掺假染色的花椒。买的时候可以放一粒到嘴里尝尝，一粒入嘴就能使口腔和舌头全部麻木，而且能品到鲜味的，才是好花椒。

读者评论

1. 汉宫花椒茶对于下腹受寒胀痛和痛经很管用。

　　——雪天

2. 冬天喝汉宫椒枣茶，暖洋洋的。

　　——荟荟

3. 我只喝了一次，是在姜枣茶里加上花椒煮的茶，就没有原来那种胃里和腹部凉，还胀气，要用手热敷才舒服的感觉了，真神奇！

　　——辽阔

4. 今年的姜枣茶里都会加几颗花椒，味道微辣，喝了全身暖暖的，也不上火，应是对症了下焦寒湿！

　　——读者朋友

5. 喝完后很舒服，对于下半身湿寒的人特别好。

　　——珉珉

6. 喝汉宫椒枣茶对宫寒有效果，不觉得小肚子冷了。

　　——羊mama

7. 每年夏天喝，下巴不长痘了。

　　——读者朋友

8. 祛湿祛痘效果好。

　　——读者朋友

9. 以前夏天小腿会酸痛，晚上睡觉盖好被子不敢露。跟着陈老师学顺时生活，再喝这款茶，晚上暖和也敢露脚了，这方真好！

　　——杨素

10. 我是从去年开始关注与实践允斌老师的各种养生食方，今年从立夏开始喝姜枣茶，每天煮姜枣茶都会放几粒汉宫花椒进去，喝了之后不会像以前整天困乏无力啦，脾胃也比以前好多了，脸上也不像以前那样苍白了。

　　——小华_Yang

11. 整个夏天都在喝，感觉湿气少了一些，大便不会那么稀，那么黏马桶了。

　　——向日葵（年年有余）

12. 立夏后的姜枣茶都会加花椒，今年连续喝了半个月后，就开始有白色排泄物，也不知道是不是跟喝这个有关系。不过持续排泄了一周多,之后例假期不像之前那样难受了。

——樱子

13. 我的月经是每次提前一个星期左右,而且小腹胀痛。开始喝姜枣茶加花椒后,症状缓解了好多,白带也少了,喝完以后肚子暖暖的,人很精神。感谢老师的好方法!

——红

14. 喝了两周了,感觉白带少了。

——青山常在

15. 前天突然发现有白带,我平时除了排卵期,是干干净净,没有白带的,而且小腹有下坠感,腰酸,同时小腿冷痛,足跟冰冷。自我排除了排卵,觉得是下焦受寒了,查看茶包一书,觉得汉宫椒枣茶适合我的症状,喝了两碗下去,小腹下坠感消失,腰直了。我感到喝对了茶方。昨天再喝一碗,上述不适症状消除得七七八八。今早再喝一碗,完全好了。神奇的汉宫椒枣茶!

——涂涂

16. 立夏的时候喝了姜枣茶,两天小腹胀痛。后来加了7粒花椒,这些症状就没有了。

——读者朋友

17. 来月经前,小腹坠得难受,也不是痛。用了老师的这款茶饮,喝了两杯,就不难受了,感受到老师小茶方的神奇。

——雪天

18. 立夏开始喝姜枣茶加花椒加罗汉果,瘦了,腰两侧的赘肉没有了,有腰身了。

——隐形

19. 由于办公室长年累月地开空调,导致体寒怕冷,经常性头痛,湿气重,精神很不好。今年早早就开始喝姜枣茶+花椒,现在感觉湿气没那么重了,人也精神了。

——空谷幽兰

20. 今年喝姜枣茶上火,牙疼,口腔溃疡,停了五天。再饮姜枣茶加了半个罗汉果,20克牛蒡,7颗汉源贡椒,到现在没上火。

——Mahdis小公主

21. 姜枣茶加了花椒,更加除湿气。以前觉得身体很沉重,现在好多了。

——葡萄

22. 喝这个茶最明显的是指甲上的月牙变化,无名指上变大了,小指上的出来了。

——暖阳熏熏

23. 四川朋友给我带了正宗的青花椒和红花椒,用来吃和泡脚,真的很祛寒湿!熬夜后连黑眼圈都不明显了!

——H安(汤)

女性白带发黄：冬瓜子茶

冬瓜子入肾，专门帮助肾脏排出浊水。人体的浊水，是体内炎症和感染引起的。这种水是混浊的，带有颜色，比如说黄痰、小便黄、女性白带发黄。严重的就是脓，比如化脓性肺炎是肺部有脓，阑尾炎是肠道有脓。饮食上都可以用冬瓜子来辅助调理。

保存冬瓜子也不麻烦。吃冬瓜的时候，把瓤掏出来晾干，再把冬瓜子取出来保存就行。

冬瓜子茶

【原料】
冬瓜子100克。

【做法】
1.吃冬瓜时把冬瓜瓤掏出来，取出冬瓜子放在阳台上晒干。

2.把晒干的冬瓜子下锅，加清水，煮开后2分钟捞出来，沥干水分。

3.放入无油的炒锅，用小火炒黄。

4.放进料理机打成粉末。分成10份，分别装入10个茶包袋。

5.每次取1袋，用沸水冲泡，闷20分钟后饮用。有条件煮水最好。

【功效】
1.调理湿热引起的小便发黄、白带发黄。

2.消除湿热造成的面部黄气。

 →

1. 冬瓜子最好不要直接吃，比较凉，吃了容易拉肚子。

2. 冬瓜子炒黄了再煮水喝，这样不会太过寒凉。体内湿热很重，需要排脓的情况下，才直接用没炒过的冬瓜子。

读者评论

1. 喝这个炒冬瓜子冰糖茶，好像有时候会排一些黄色白带。

——虚舟

2. 以前我妈脑梗死经常脚肿，我用冬瓜子煮水给她喝，第二天脚就不肿了！

——玉兔

3. 炒冬瓜子茶，湿热重（白带偏黄，外阴瘙痒）的几天喝，特别有效，当天就有效果。

——高鑫

4. 我最近由于湿热导致手和腿都起了好多红疹，用过的东西有凉拌马齿苋，喝马齿苋水，吃苦瓜、丝瓜和丝瓜皮、冬瓜、红苋菜+皮蛋、空心菜，喝莲子心茶。其间痒的时候就泡苦蒿水，用马齿苋榨汁灌肠一次，有作用，但是麻烦。后来用冬瓜子煮水喝，效果明显。现在不是很严格地忌口了，也没有加重，在渐渐好转。谢谢老师的茶方，经济好用！

——澜羽

5. 利水祛湿，姐姐喝了说管用。

——人生最美是清欢

6. 除湿、利小便的确神效。

——幸福

7. 曾经有段时间感觉白带发黄，下焦有湿热。正好那几天买了冬瓜煲汤，直接把新鲜的冬瓜子和内瓤掏了出来，煮水加冰糖，喝了一天，第二天白带颜色就正常了。

——一丹

8. 这个也喝过了，小便黄，喝了几次就好了，效果很好。

——春晓

防晒抗光毒：胡萝卜番茄汁

　　阳光是把双刃剑，能够补我们的阳气，但阳光的光毒又会加速皮肤的老化，甚至诱发癌变。

　　西红柿和胡萝卜，都是抗光毒的好东西，可以延缓光毒造成的皮肤老化。夏天可以多吃一些。你还可以把它们榨成汁，出门之前喝一杯，回家再喝一杯。

胡萝卜番茄汁

【原料】
西红柿、胡萝卜各适量。

【做法】
西红柿和胡萝卜切块，一起放在榨汁机里，榨成汁。

 →

允斌 叮嘱	1. 选熟透的西红柿，抗光毒的效果更好。 2. 西红柿还能使皮肤保持白皙。吃了西红柿再出门，相当于擦了一层防晒霜。

1. 夏天在外面跑一天，回来榨一杯，喝了明显感觉脸没那么火辣辣的，今年这个果汁还是会经常喝的。

——Mary

2. 到了夏天最喜欢榨胡萝卜西红柿汁喝，味道好还能抗光毒，加点蜂蜜，孩子也很喜欢喝！

——海燕

3. 夏天光照强烈，即使穿防晒衣，戴遮阳帽，出门前都会来杯胡萝卜西红柿汁防光毒，到家后会继续饮一杯。皮肤整个夏天也会很光滑。

——Mahdis小公主

4. 近些年，我入夏时经常发生皮肤过敏问题，皮肤一晒就会发红、起疹子、瘙痒，非常痛苦。我从2017年开始，每到夏天，都会榨这款胡萝卜西红柿汁喝，防止皮肤过敏和晒伤的效果非常好。自从喝了这款饮品之后，夏天可以穿短袖衣服出去，再没有发生晒伤过敏的情况。

——杨杨

5. 昨天去游乐园玩，太阳挺足，还游泳了，因为出门前喝了一杯胡萝卜西红柿汁，回家后又喝了一杯，感觉皮肤没有难受，也没有晒得黑黑红红的样子。

——渡过

6. 胡萝卜西红柿汁喝了一个星期，今年喝了和去年没有喝相比，皮肤明显白净，出门不擦防晒霜，也没有感觉皮肤晒黑。陈老师的食方真的很好！紧跟着陈老师天天顺时养生，不负光阴！

——木子梨

7. 夏天保健用的，非常好！外出前来一杯，感觉皮肤很滋润，也很解暑。

——夏小乙

8. 很喜欢用，材料方便，出门前喝一杯，防晒黑，味道也不错。

——水连

9. 我对紫外线过敏，自从得知老师这个食方后，夏天经常做些喝，感觉很好，出门再用遮阳伞，没有出现过皮肤过敏！太棒了！

——百合

10. 胡萝卜西红柿汁防晒效果非常好！

——玉兔

11. 这个太好了，比涂防晒霜强多了，非常好。大热天，早上出门前，喝一杯出去，一天都不用防晒霜。

——春晓

女性预防黄褐斑小茶方: 柠檬红糖茶

柠檬是使人美丽的水果。它分解人体脂肪的能力很强，又能淡化皮肤的色素。如果想要保持苗条的身材和白皙无瑕的皮肤，柠檬就是你的好朋友。

柠檬红糖茶

【原料】

干柠檬片或新鲜柠檬片、红糖适量。

【做法】

1. 每次取大约半个柠檬的量，
   配适量红糖。
2. 用沸水冲泡后当茶喝，可以
   反复冲泡。

【功效】

1. 中青年女性常喝有调经、理
   血、养颜的作用。
2. 理气、养肝。
3. 预防女性黄褐斑。

读者评论 -

1. 柠檬红糖水，我喝了一个月，脸上的斑淡化了好多。我老公说的。

——怒放的生命

2. 我现在喝姜枣茶，每晚茯苓粉加柠檬水，感觉皮肤白皙啦。

——22群读者

3. 有血瘀的朋友可以试试柠檬红糖胡椒粉茶，我个人已经试过几天。伏案工作头
   胀，脾胃消化慢，喝了能帮助活血化瘀，感觉好很多，气色也好了。

——41群小明

女性黄褐斑初期（气滞型）：理气祛斑茶

黄褐斑单从皮肤表面来治是不行的，它是身体内部的问题，病在肝肾，应该调肝肾。

黄褐斑的病根在于气滞血瘀。多数人长黄褐斑，往往都是从气滞型开始发展的。最初斑的颜色比较浅，一般长在眼角、颧骨等两边对称的部位。调理气滞型的黄褐斑需要理气，气血一运行，就把毒素慢慢地排掉了。

理气祛斑茶

【原料】
干橘叶1小把、干柠檬片或新鲜柠檬片6片、红糖适量。

【做法】
把橘叶、柠檬片、红糖一起放入随身杯，沸水冲泡，闷10分钟后当茶喝。可以反复冲泡。

【功效】
1. 调理气滞型黄褐斑（胸闷、爱叹气、颧骨长斑）。
2. 疏解肝气。常感觉胸闷，要叹出气来才舒服的女性，在经期前一周喝，对预防乳腺增生有帮助。
3. 调理肺热咳嗽（痰黄）。

怎样收集橘叶？

橘叶是一味中药，中药房有售。其实你也可以自己收集，不用花钱：市场上卖的新鲜红橘往往带有叶子，买时不要扔掉了，把它们清洗干净，然后晾到干透，用密封袋装好，就可以长期保存了。

**允斌
叮嘱**

1. 这道茶理气的作用非常强, 没有黄褐斑的人不要随便喝。
2. 如果喝了以后感觉气虚, 可以同时喝黄芪党参水来补气。

读者评论

1. 快要来例假前十天左右乳房胀痛, 昨天又刺痛了一天。下班后赶紧跑药店找橘叶, 跑了好几家店终于找到了, 回到家用玫瑰和橘叶泡茶喝。今早起来刺痛感觉没有了, 胀痛有所缓解。

——落叶知秋

2. 乳房胀痛, 用经络梳按摩, 上午喝橘叶红糖水, 下午就好多了!

——黑白先生

3. 感触非常深。之前有点抑郁, 每天烦躁易怒, 生活悲观。陈老师的一道橘叶柠檬红糖水, 彻底让我从压抑的生活中解脱出来。本来是想祛斑的, 没想到橘叶理气的效果这么好, 喝了一个星期, 就变得开朗很多。

——忍者

女性长期黄褐斑，伴有妇科问题（乳腺增生、子宫肌瘤、卵巢囊肿）：青陈甘草茶

　　乳腺增生、子宫肌瘤、卵巢囊肿……这些看似不同的病，其实根源都在于肝气郁滞、气滞血瘀。有这些病的女性，特别容易长斑，而且久久不去。

青陈甘草茶

【原料】

青皮200克、陈皮200克、山楂200克、甘草60克。

【做法】

1. 将原料分成20份，分别装入20个茶包袋。

2. 每次取1包，沸水冲泡，闷30分钟后饮用。

【功效】

1. 疏解肝气郁滞，适合有乳腺增生、子宫肌瘤、卵巢囊肿等问题的女性饮用。

2. 淡化黄褐斑。

允斌叮嘱

1. 青皮分两种：个青皮（完整的红橘幼果）和四花青皮。如果选个青皮，注意避开病果和杂果（其他品种柑橘和橙子等的幼果冒充的）；如果选四花青皮，注意避开杂皮（其他品种柑橘和橙子的皮冒充的）。

2. 月经前乳房胀痛的人加1小把橘叶效果更佳。

3. 气虚的人喝这个茶，要同时服用黄芪党参水来补气。

读者评论

1. 一段时间喝了青陈甘草茶，发现经期综合征消失了，贼开心！

——25群读者

2. 这个也很好，对乳腺增生很有帮助。

——春晓

3. 我有哮喘，一到冬季就咳嗽，尤其是雾霾天，咳嗽起来很难受，靠吃药压着。后来别人送我一些青皮、陈皮，我就加上玫瑰花茶一起喝，感觉不咳嗽了。自己又买了些川陈皮，坚持一年了，一直没吃药。听陈老师介绍，青皮、陈皮和玫瑰花都是理气的，正好对我症。

——怡

4. 以前来例假乳房胀痛得都不能碰，现在饮用青陈甘草茶一个星期，这次来例假都没有那些症状了。

——51群读者

5. 之前便便一直不成形，本来想着喝这茶调理乳腺增生，可能因为理气的缘故，大便成形了。

——27群读者

女性肝血虚造成"黄脸婆"的调养小茶方：当归红枣茶

"百病不离当归治"——当归是生血、活血的主药，因此大夫开方子普遍用到当归，有"十方九归"之说。

上好的当归，有浓郁的异香，这是由于它含丰富的精油成分。这种香气对女性有调肝的作用。

女性肝血虚或血瘀，脸上气色会不好，显得暗黄，可以喝当归红枣茶。

当归红枣茶

【原料】
红枣60个、当归片100克。

【做法】
1. 当归切成薄片，和红枣一起分成10份，分别装入10个茶包袋。
2. 每次取1袋，将红枣掰开，沸水冲泡，闷10分钟后饮用，可以反复冲泡。

【功效】
1. 预防眼睛疲劳。
2. 健脾养肝、益气补血。
3. 使面色红润。

允斌叮嘱 用这个方子加上红糖一起饮用，就是一款女性经期的保养茶。

读者评论

1. 当归红枣茶，一般月事完了之后喝五至七天，喝了之后有精神，气色很好。

——晶晶

2. 当归让我一直很低的血色素值提升迅速，昨天做体检基本正常了，困扰我多年的头昏毛病没有了，面色好多了，贫血终于离我而去。

——Henrietta熊

女性备孕小茶方:香椿茶

本书对症调养篇中介绍的糖尿病人保健用的香椿茶，女性也可以常饮。香椿既能暖脾阳又能通肾阳，可以促进内分泌，有帮助怀孕的作用。

香椿茶

【做法】

1. 采摘香椿叶晒干，揉碎，装入茶包袋。
2. 每次取1袋，沸水冲泡，闷5分钟后饮用。可以反复冲泡。

【功效】

适合备孕的女性调理身体。

允斌 叮嘱	香椿茶有多种功效，调理肠炎用新鲜的更佳，降糖用老香椿叶更佳。女性备孕，新老叶都可以。

止孕吐的小茶方：苹果皮炒米茶

苹果皮有开胃的作用，而且它的含铁量是果肉的 26 倍。泡过的果皮也可以吃下去。

苹果皮炒米茶

【原料】
大米1 000克、新鲜苹果适量。

【做法】

1. 大米放入无油的炒锅，用小火翻炒到焦黄。

2. 每天取炒大米大约30克，加一个新鲜苹果的果皮，用沸水冲泡，闷10分钟后饮用。

3. 苹果要用加过面粉的清水泡洗10分钟，再削皮。

【功效】

1. 防止妊娠呕吐，怀孕女性常喝可以缓解孕期反应。

2. 消食、健脾胃。

读者评论

1. 怀孕的时候孕吐反应特别严重，医生说是体质问题，只能忍忍了，不建议吃药。幸好有老师的食方，苹果和大米几乎是家庭常备的两样东西，轻松地解决了我吐得天昏地暗的问题。喝了一大杯当天下午就不吐了，晚上胃口也好了些。之前吐得都吃不下饭，喝了这个茶方，吃嘛嘛香。

——悦悦

2. 孕期很好用的茶方。孕妇吃得多，但是消化比平时弱，苹果皮煮焦米水帮助消化真的很强。每天喝一点，肠胃空了，人就舒服了。

——13群读者

孕期养气血小茶方: 补肾益生饮

　　我把桑葚干比作水果中的"乌鸡白凤丸",它滋阴养血,补肾抗衰老,是适合全家人的健康零食。孕妇和小孩都可以常吃。

　　葡萄干健脾开胃,也适合孕妇吃,能缓解孕期反应。

补肾益生饮

【原料】

葡萄干150克、黑桑葚干150克、大枣30个。

【做法】

1. 把葡萄干、黑桑葚干、大枣用加面粉的清水泡10分钟,清洗干净。

　　(注: 如果是免洗开袋即食的干果,可以省略上述步骤。)

2. 放入微波炉,用高温烘烤3分钟。

3. 把全部原料分成10份,分别装入10个茶包袋。

4. 每次取1袋,沸水冲泡,闷10分钟后饮用。可以反复冲泡。

【功效】

1. 孕期养气血。

2. 补肾、养血、抗衰老。

读者评论

1. 补肾益生饮有助于安胎，这个不是我用的，是表姐怀孕的时候我让她吃的。孩子生下来，眼睛又黑又亮又有神，头发又黑又多又亮，皮肤也好。都说这小孩眼睛漂亮，头发长得好，人见人爱。表姐特别高兴，说是我的功劳，所以忍不住想要分享一下。

——简单

2. 现在是孕中期，医生说我贫血，于是我每天用这个食方煮粥喝，放了老师推荐的适合孕妇吃的藜麦，还有花生。每天早餐都吃这个，吃了快1个月了，感觉特别好。谢谢老师。

——Yeny

3. 陈老师是我们的大救星，我本来头发掉得厉害，都剩一小把扎不起辫子了。这两年按老师说的方法喝桑葚茶、吃桑葚膏及喝养肾汤，现在头发可以扎个大辫子了，还乌黑乌黑的（今年我53岁）。感恩!

——smith

4. 喝了两天桑葚红枣茶，明显感觉宝宝活跃些，胎动时有力量，果然是养胎茶。

——Rachel

5. 每天吃桑葚干、红枣、葡萄干，感觉我身体的状态好多啦! 感恩遇见老师，让我对生活充满希望。从昨天开始喝养血四宝汤，喝过心里就感觉自己气血足了。

——羽翼

孕妇开胃小茶方: 蜂蜜柠檬茶

柠檬有一个好听的别名叫"宜母子",因为它很适合孕妇吃。孕妇爱吃酸的,吃柠檬正合适,可以开胃口、助消化、防止恶心,还有安胎的作用。

蜂蜜柠檬茶

【原料】
新鲜柠檬、蜂蜜适量。

【做法】
1. 新鲜柠檬洗干净,切片,放入玻璃瓶中,一层柠檬浇一层蜂蜜,最后一层蜂蜜要全面覆盖住最上层的柠檬片。盖上盖子,放入冰箱冷藏,可以放一年。
2. 用时取几片柠檬带汁放入随身杯,用40℃以下的温水冲泡。

【功效】
1. 美白瘦身,淡化皮肤经阳光暴晒后出现的晒斑。
2. 可以缓解孕妇食欲不振、恶心、胎动不安的现象。
3. 生津止渴,开胃。
4. 润肺止咳。

| 允斌
叮嘱 | 多晒太阳会发作日光性皮炎的人,喝新鲜柠檬泡的茶之后,最好避免暴晒。 |

读者评论

1. 我给孩子喝柠檬泡蜂蜜水快两年了,感冒咳嗽明显减少,生病的话吃一点儿药就康复了。

——12群读者

2. 孩子昨天突然猛咳,没有别的症状,我以为是干咳,给他喝了鱼腥草梨皮水没效果,今天带去医院看才知道是受寒了,喉咙痒引起的。冲了一杯柠檬汁蜂蜜水让孩子分几次喝完,一小时后有好转,没咳那么厉害了。槐花蜜消炎效果杠杠的。

——期待

男性保养
小茶方

抽烟不仅会引发慢性咽炎、气管炎甚至肺癌，烟毒也会进入血液损害全身。鱼腥草是解烟毒的，有助于减轻抽烟的损害。

烟民一定要每天喝鱼腥草茶，不要嫌麻烦，这个小小的习惯会为你将来的健康带来莫大的好处。长期喝鱼腥草茶，还有帮助戒烟的作用。

鱼腥草茶

【原料】

鱼腥草15～30克。

【做法】

1. 放入杯中，冲入沸水，不要盖杯盖，马上倒掉水。

2. 再次冲入沸水，闷5分钟后饮用。可以反复冲泡。

【功效】

1. 清肺热，解烟毒。烟民或经常吸二手烟的人每日饮用，可以减轻香烟对身体的伤害，预防慢性咽炎、慢性支气管炎。

2. 抗感染，预防身体各处炎症，预防流感。

3. 调理皮肤炎症和疱疹。

允斌叮嘱

雾霾天，也建议多喝鱼腥草茶。

读者评论

1. 老公戒烟，我让他喝鱼腥草茶，刚开始喝得不情愿，一段时间后问我煮鱼腥草没，他说喝鱼腥草茶就不想抽烟了。太神奇啦！

   ——赛儿

2. 鱼腥草煮水——喉咙发炎肿痛时每次都用这个方子，效果很好。有时觉得胃寒会加陈皮。

   ——梅开眼笑

3. 老爸是老烟民，上次回家硬是要求他喝鱼腥草嫩尖茶，他怕味道不好，一直不喝，没想到一喝就停不下来。

   ——海燕

4. 爸爸长期吸烟，看过老师之前的文章，所以去年给爸爸买了鱼腥草喝，嗓子不舒服还有咳嗽缓解很多。真心感谢！

   ——帅Elly

这道小茶方可以防治脂肪肝，适合经常腹胀、血脂高的中年男性日常保健。

双红保肝茶

【原料】
干山楂300克、红枣60个。

【做法】
1. 把山楂分成10份，每份配6个红枣，一起放入茶包袋中。
2. 每次取1袋，沸水冲泡，闷20分钟后当茶饮。可以反复冲泡。

【功效】
1. 保肝，增强胃功能。
2. 改善面色暗黄、唇色暗淡的现象。

允斌
叮嘱

痰多咳嗽，有口腔溃疡、胃溃疡、十二指肠溃疡的人不宜吃山楂。

读者评论

很早就开始让老公喝这个茶了，中年男性保健不能忽视，尤其这种大腹便便的啤酒肚。我之前最担心他的"三高"问题，因为用了老师的这个方子，平时也是遵照老师的顺时养生食养方法，老公一直有的血脂高的问题竟然恢复正常了。跟着老师养生真的太好了。

——庹艳思

青陈通腑茶

【原料】

青皮100克、陈皮200克、蜂蜜适量。

【做法】

1. 将原料分成20份，分别装入20个茶包袋。

2. 每次取1包，沸水冲泡，闷30分钟。

3. 待水晾温后，加入蜂蜜，搅拌均匀饮用。

【功效】

1. 经常腹胀并且便秘的人，喝这款茶可以缓解。

2. 疏解肝气郁滞。

3. 女性喝可以调理乳腺增生。

允斌叮嘱

青皮又称青陈皮，是红橘幼果，或用未成熟的红橘青果剥皮制成的陈皮。它的药性比陈皮峻烈，理气破气的作用很强，对于腹部胀满、爱叹气的人比较合适，气虚的人不要轻易饮用。

读者评论

医生说乳腺小叶增生，每个人都会有一点儿，不要太在意，可是我总觉得会积攒成大问题。看了老师的书后，我天天喝青陈通腑茶，配合经络梳一起用，半年后去医院复查，医生说我的小叶增生好多了，几乎到可以忽视的程度了，简直太神奇了。

——读者朋友

冬瓜皮偏寒性，热性体质的人用可以清热，祛除多余的水分。

这个小偏方需要用到蚕豆壳配合冬瓜皮，消除脚肿和脚部湿气的效果才好。

瓜豆消肿饮

【原料】

蚕豆壳（干品）100克、冬瓜皮（干品）100克、红茶20克。

【做法】

1. 全部原料分成10份，分别装入10个茶包袋。

2. 每次取1袋，沸水冲泡，闷30分钟后饮用，可以反复冲泡。有条件煮水更好。

【功效】

1. 消除湿热水肿，特别是脚肿。

2. 健脾利湿，预防湿热引起的脚气。

这是一道预防疝气的保健茶，也适合吃生冷食物后容易发生腹泻的人，平时可以用来调理身体。

映日怀香茶

【原料】

小茴香子180克、干无花果120个。

【做法】

1. 小茴香子放入无油的炒锅，用小火炒香。

2. 把小茴香子分成20份，每份配6个干无花果，一起放入茶包袋。

3. 每次取1袋，沸水冲泡，闷20分钟后饮用。可以反复冲泡。

【功效】

温暖腹部，祛除下焦寒气。

允斌
叮嘱

1. 小茴香也能暖胃，可以调理慢性胃病，对于胃寒引起的慢性胃炎、胃溃疡、胃下垂、胃神经官能症等有特效。

2. 胃寒的人，脾胃消化能力弱，消化不良甚至胃痛、呕吐清水。这种人适合吃小茴香。

3. 胃热的人，容易上火，比如口干、口苦、口舌生疮、牙龈肿痛、小便黄、大便秘结，严重时会胃痛、呕吐酸水，有的人特别容易饿，吃得很多却吸收不到营养。这种人就不适合吃小茴香。

红果怀香橘米茶

【原料】

小茴香子180克、干山楂600克、红糖150克、橘子核120克

【做法】

1. 按红果怀香茶的做法制作炒茴香子和红糖、山楂。

2. 把橘子核放无油的炒锅炒黄，打成粉末。

3. 全部原料分别分成20份，装入茶包袋，每袋装1份。

4. 每次取一包，用沸水冲泡，闷制20分钟后饮用，可以反复冲泡。

【功效】

1. 调理男性疝气腹痛。

2. 行气，散结，止痛。

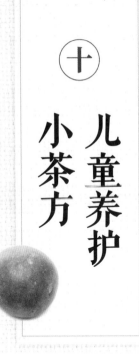

十

儿童养护
小茶方

荠菜的药性平和到连不满周岁的小婴儿也可以用。

婴儿如果积食，用带籽的老荠菜煮水喝就能调好，而且长大以后还不容易得胃病。

春天时采摘带籽的老荠菜，晒干以后收起来，可以用一整年。

老荠菜水

【原料】

带籽的老荠菜。

【做法】

1. 将老荠菜连根带籽晒干，掰成小段，装入大号茶叶罐。

2. 每次取10～30克，用沸水冲泡，闷10分钟后饮用。有条件煮水更佳（冷水下锅煮7～8分钟）。

【功效】

降胃肠火，利湿健脾。

允斌
叮嘱

老荠菜晒干以后很脆，叶和籽极易脱落，注意收集好。

1. 小孩感冒，老师说用葱须白煲水，或者隔水蒸大蒜放冰糖，一两次就见效了。现在南方很多荠菜，我去采老的回来晒干，煲水给宝宝喝，眼屎没有了，积食（口气酸臭）煲两三次喝，也好了。我让家人也煲水来喝。我老公天天说，吃6粒三黄片都比不上一碗荠菜水。

——紫缘物语

2. 前段时间我家宝宝白天吃西瓜，晚上睡觉蹬被子。早上起床赶紧煮荠菜水，让她带一杯到学校喝。她大概感觉不舒服，上午把一杯水全喝完了。没拉肚子，吃饭也正常。

——熙月

3. 前几天我的舌苔厚、黄，有口气，整个人有气无力，精神萎靡，想着可能是前几天鸡蛋和荤菜吃多了，腻住了。我给自己这样调理：饭后吃保和丸，用荠菜水代茶，才两天，舌头变得粉粉的，整个人都精神了。

——12群读者

4. 昨天午饭后胃一直不舒服，到了晚上疼得忍不住了，想起有荠菜干，立马抓了一把来煮，喝了浓浓的一杯，不一会儿胃就舒服了。继续喝了几杯，就没事了。

——38群玟妤

5. 昨天给孩子喝了荠菜水，发现孩子时不时的咳嗽声没有了。

——谢雨轩

6. 今天给孩子们煮了荠菜水，宝宝说：妈妈，怎么喝完了就要上厕所啊！我告诉他荠菜是可以帮助他排毒的！他似懂非懂地点头，我哈哈大笑。可能宝宝肚子有点胀气吧，所以喝了荠菜水就把不干净的气排了！

——简单着幸福

7. 大儿子有点咳嗽，我判断是积食咳嗽，用荠菜切段煮水。他喝了一碗，已好了一半。明天继续！

——小儿推拿

8. 我有点上火，有点胃积食，上颌还长了个泡，有点痛。今天收到荠菜，立马煮水喝，1个小时后，嘴巴不痛了，胃里也没有火烧火燎的感觉了。神奇，神奇，太神奇了！

——魏娜

9. 这两天我儿子突发高烧，我用推拿和荠菜水给他退烧，今天完全好了，胃口又大开，吃了很多饭。下午还给他煮了白米粥，晚上也吃了饭。

——41群班长

很多人认为梨可以止一切咳嗽，家里孩子咳嗽，就给他炖梨来吃。结果越吃越咳，痰更多。

其实，小孩咳嗽基本上有一个诱因——积食。积食就会生痰，所以不能给他吃冰糖炖梨。

如果咳嗽伴有黄痰，特别是晚上睡觉时咳，可以用梨皮加上萝卜皮一起煮水给孩子喝，又顺气又消食又化痰，孩子就不咳嗽了。

二皮止咳饮

【原料】
鲜梨1个、新鲜白萝卜1个、蜂蜜适量。

【做法】
1.把梨和白萝卜放在加面粉的清水中泡10分钟，清洗干净。
2.削下梨皮和白萝卜皮，切碎，水开后下锅煮3～5分钟，加蜂蜜饮用。

【功效】
1.调理孩子积食咳嗽，痰少而黄。
2.清热，消炎，消食。

允斌
叮嘱

如果还有鼻涕多的症状，可以加一段葱白同煮。

读者评论

1. 去年冬天用到了二皮止咳饮，喝了三次，痰基本就没有了。

——虎仔

2. 我觉得二皮止咳饮效果特别好，特别棒。我孩子两岁，每次孩子咳嗽，我首先观察孩子舌苔，确认是积食了，我赶紧煮萝卜皮梨皮水给孩子喝，都能很快化解，一般当天或者第二天就没事了。真的很感谢陈老师！

——悠然见南山

3. 用鱼腥草、萝卜皮、梨皮煮水，女儿昨天下午喝了后，白天偶尔咳一下，晚上竟没咳了。孩子咳了一个星期，昨天晚上我终于睡了一个整觉！

——青雨-桂林

4. 女儿学校感冒的人很多，女儿也感冒了，但是没有吃药哦，用了陈老师的食方——鱼腥草梨皮萝卜皮水。

——兰兰 (马兰花开)

5. 周五儿子吃多了甜食，晚上就开始不停咳嗽，我找班长讨论，确定是积食造成的。开始让孩子喝梨皮萝卜皮水，一天都不停地咳，下午又轻微发热，我比较心急，总怕判断失误耽误病情。又问了班长，班长说只要对症，选好方子就坚持用，不要着急，要顺其自然等等看。一直到周日中午还是咳嗽，但我没给他停过喝双皮水，刚才突然发现，一两个钟头都没听到儿子咳嗽了，已经好得差不多了。两天一共用了2个萝卜、4个梨。真是省心省力又省钱，小孩也不用吃大把的药。

——5群读者

如果孩子突然轻微咳嗽，没有痰而有清鼻涕的话，那可能是受了一点风寒，可以喝葱白双皮饮。

葱白双皮饮

【原料】
一个梨的皮、半个萝卜的皮、葱白（连根须一起）三根。

【做法】
用葱白连须，加上萝卜皮和梨皮，煮水喝。

【功效】
喝了以后，清鼻涕会很快止住，咳嗽也能缓解。

允斌 叮嘱	1. 如果孩子不喜欢葱的味道，可以加一点蜂蜜。
	2. 这个方子用于风寒咳嗽初起。如果严重或长期咳嗽，需要用其他方法调理。

这个茶方适合久咳不止并且伴有黄痰的情况，比如咽炎咳嗽、儿童久咳、支气管炎、百日咳。

什么叫作百日咳呢？

狭义地说，它是一种百日咳病毒引起的咳嗽，是具有传染性的。

广义地说，对于一些久咳，咳了两三个月还不好的咳嗽，人们有时也泛称为"百日咳"。

这款茶对于这两种咳嗽，都是有效果的。

百日咳茶

【原料】
罗汉果6个、柿子蒂20个。

【做法】
1. 把罗汉果压破，掰开，连皮带籽和柿子蒂一起放入锅中。
2. 冷水下锅煮开后，转小火煮40分钟左右，滗出茶汁。
3. 再次加水煮开，转小火煮40分钟，滗出茶汁。
4. 把两次的茶汁合在一起，放入冰箱冷藏，可以放一星期。
5. 每次取大约1/3杯，放入随身杯，加开水温热饮用。

【功效】
1. 止咳化痰。
2. 预防小儿百日咳。

允斌
叮嘱

1. 吃了柿子，柿子蒂不要扔掉，洗净晾干保存起来就可以随时用了。
2. 绿色的罗汉果（低温烘干的）比棕色的罗汉果（高温烘干的）煮水味道更好，孩子更能接受。

读者评论

1. 罗汉果柿子蒂茶很好，我儿子感冒后咳了很久，鱼腥草、罗汉果单独喝了没效果，后来用罗汉果加上柿子蒂一起煮水给他喝，喝了两三天就不咳了。

——淡然

2. 我一直痰多，半夜有些咳嗽，就坚持煮罗汉果柿子蒂茶喝，效果杠杠的。

——阿雪

3. 最让我有成就感的就是百日咳茶方，老公干咳一个多月，干咳方、寒咳方、热咳方都用了还是不行。就要放弃的时候，看到《顺时生活》中百日咳方配上吴茱萸贴公孙穴的方法，三天就把老公的咳嗽治好了。

——沉淀

4. 邻居家一个小姑娘咳嗽，有点严重，我给她脚上贴了吴茱萸调醋，再喝罗汉果+柿子蒂水，当天晚上就不咳了，睡得很香。帮了自己的孩子，也帮了别人的孩子，很有成就感！

——澜羽

5. 我儿子昨天一直不停地咳嗽，我用罗汉果加柿子蒂煮水，昨晚让孩子喝了一次，晚上虽然还有点咳，但好多了，不会一直连着咳。今早又喝一次，上午几乎不怎么咳了。

——罗海珠

6. 孩子6岁以前经常晚上咳嗽，接着感冒，吃药后感冒能好，但咳嗽总不好。这次又咳嗽了，用罗汉果柿子蒂煮水三遍给孩子喝，当晚就不咳了；接着喝了六天，再没咳。一直心疼孩子吃那么多抗生素，现在终于摆脱吃抗生素的困扰了。

——云卷云舒

7. 罗汉果柿蒂水，小孩喝了后晚上没咳嗽了，继续坚持！

——羽灵

8. 朋友半个月前说她咳嗽好长时间也没好，我推荐她喝百日咳茶。昨天和朋友见面了，她说我给的方子真好，喝了两天就不咳了，太感谢了。

——25群平

9. 前不久孩子支气管炎，用了陈老师的方子——煮罗汉果柿子蒂，喝了两天，宝贝的支气管炎好了，让宝贝少受了很多罪。

——13群小叶

10. 孩子咳嗽，喝了几天罗汉果柿子蒂水就好了，感谢老师。

——静伟

11. 昨天下午给儿子煮了百日咳茶喝，儿子说喝了后咽喉舒服多了，所以今天一大早就又给煮上了。

——陈兰芳

12. 去年入秋不久家人开始咳嗽，以前一咳就是两三个月。家人的症状很像陈老师说的气逆咳嗽，我就用罗汉果加柿子蒂煮水，柿子蒂加大了用量，一个礼拜咳嗽好转，再喝一个礼拜就不咳了，好开心。

——罗小黄

13. 我老公干咳已经很多年了，照老师说的，千日咳都不止了，三伏贴、中西药还有针灸都用过，效果不怎么样。这次试了老师治疗百日咳的食疗方法，罗汉果柿子蒂老白茶煮水，才喝了三天，我已经很久没听见老公咳嗽了。我老爸也喝了些，说痰少多了！真神了！

——冉冉妈妈

14. 这两天有点咳嗽，熬了罗汉果柿蒂水，喝了感觉好多了。好神奇。

——宁静致远

15. 罗汉果柿子蒂茶喝的第二天，白天基本不咳嗽了，但是一躺下睡觉还是咳嗽。不能好点就不忌口，明天严格控制饮食。

——月也兔

　　这是我的一个经验方，我的儿子小时候得手足口病都用它来调理。

　　每年夏季是手足口病和疱疹性咽峡炎的流行期。疱疹性咽峡炎是轻症，发在咽部。手足口病更严重，发在全身。所以手足口病被定为法定传染病。

　　这两种病看起来像感冒，孩子会咽痛或咳嗽、发热，实际上它们都是由肠道病毒引起的。用抗生素和感冒药无效，家长注意不要用错药，不要盲目退热，而是应该及时清除肠道内的病毒，防止病毒在肠道内大量繁殖。

　　马齿苋有强大的抗病毒能力，对肠道的保护作用尤其好，能排出肠道毒素。

马齿苋抗病饮

【原料】
马齿苋（鲜品）500克、蜂蜜适量。

【做法】
1. 将新鲜马齿苋用加面粉的清水泡10分钟，清洗干净，再用开水淋一遍。
2. 切碎，加少量清水放入榨汁机打成汁液。
3. 放入锅内大火烧开，晾凉后加入蜂蜜，放入冰箱冷藏，可以放三天。
4. 需要时倒入随身杯饮用。预防小儿手足口病，在此病流行季节可以每天饮用1杯。

【功效】
1. 预防手足口病。
2. 清除肠道病毒，双向调节肠道，通便、止痢。
3. 预防少年白头。

1. 如果孩子密切接触过手足口病病人，并且已有便秘、食欲减退的表现，可以直接喝鲜榨的马齿苋汁，无须加热，效果更强。

2. 得过手足口病的孩子并非从此高枕无忧，还是要避免再次接触手足口病毒。原因是病毒一旦变异，免疫力就会失效。成年人也可能"隐形感染"。如果家有患儿，建议家长也吃些马齿苋，帮助自身肠道排出病毒。

读者评论

1. 孩子3岁时在幼儿园感染了手足口病，就是喝陈老师介绍的马齿苋煮水治好的。

——Village

2. 我儿子当初也得过手足口病，用了马齿苋榨汁，第二天就好了。

——6群读者

3. 我儿子手足口病，吃了三天的马齿苋加白糖，神奇地好了。

——劳会然

4. 2005年时儿子发高烧，蚕沙水退不了。到医院化验血，C反应蛋白90多。回家后吃马齿苋，三小时后拉了一泡稀，然后退烧，好了。

——天然呆

5. 老师的方子真是管用呀！我朋友的孩子，5岁，咽峡炎，已发烧几天，吃药不管用，嘴里长满白斑，不能吃饭，不能喝水，疼痛不堪。摘了一些马齿苋给他们，嘱其回家榨汁拌白糖。昨晚喝了一次，今天早上看喉咙已经好了很多。

——6群读者

6. 老大5岁左右时，有一天和一个得手足口病的小朋友玩了很久（事后才知她有手足口病），我晚上就给她用生的马齿苋榨汁喝。那么容易被传染的手足口病，竟然幸免被传染。

——雷雷

7. 前几天，朋友的孩子先是发烧，后来才发现是手足口病跟疱疹性咽峡炎，我马上让她去找马齿苋榨汁给娃喝。她一天给娃喝一次，喝了三天左右，就排便了。腿上和手上的疹子喝完的第二天就没这么红了，嘴巴里的也有好转的迹象。到了昨天她跟我说，差不多完全好了。用了老师的方子，她感叹道，世间万物太神奇了，只是被我们遗忘了。

——裥箪点

8. 孩子突然高烧40℃，医生说是喉咙发炎，然后开了一堆中药、西药，回来吃了一天还是反反复复地40℃，甚至还烧到了41℃。第三天又去医院，医生还是开了一堆药，班长说是不是咽峡炎，我马上找手电筒看了，果然喉咙有疱疹。立马去买了马齿苋，停用了医院开的所有药，只用马齿苋煲水喝。孩子由于发烧几天没上大号了，第二天早上起来拉了一大泡。然后连续喝了两天马齿苋水，后面都是36.7℃了！退烧后有些咳嗽，连续煲了两天的鱼腥草罗汉果陈皮水，第三天就停了！从喝马齿苋水开始就没再用医院开的药，全扔垃圾桶了！隔壁家那个孩子和我们一起生的病，她孩子选择了吊瓶子，一直吊了十多天都还是反反复复40℃！

——桓

9. 每年夏天，市场上一块钱一把的马齿苋，我几乎天天吃，也给孩子一起吃，孩子从没有得过手足口病。听说一些亲戚朋友家的孩子得了手足口病，命差点没了，在医院里遭了很多罪。

——读者朋友

10. 我家小宝某个周六的时候，突然身上起红点，到了晚上嘴里、手脚都有，去医院检查医生确诊手足口病，建议住院。那时候刚接触陈老师没多久，但坚定地相信她。我没有办法住院带孩子回来，家里的花盆刚好长了很多马齿苋，就榨汁给孩子喝。但当时孩子还太小，不接受这个味道，又赶紧去中药房买干品的马齿苋煮水，加了点蜂蜜。孩子用奶瓶喝了200毫升，到了下午拉了很多黑便便，烧退了，身上的痘痘也慢慢消除。那次是一粒抗生素都没有用过，就挑战手足口病成功。当时真是太开心啦！从那时起，孩子的爸爸对老师是无比地佩服和相信，孩子有什么小毛病，他都会配合我，支持我用老师的方法处理。

——厦门好奇宝宝

11. 不知道是不是采灰灰菜过敏了，胳膊起了一片包。用马齿苋加水打汁涂抹几次后，又用经络梳梳，今天好了，包下去了！马齿苋太好了！最近都在吃！

——31群武楠

因吃肉食过多引起消化不良，进而导致腹泻和咳嗽，可以用焦山楂、胡萝卜煮水喝。

山楂胡萝卜茶

【原料】
干山楂30克、胡萝卜半根。

【做法】
1. 将干山楂（生山楂）放入炒锅，无须放油，干炒几分钟使其变焦。
2. 胡萝卜切小丁，与焦山楂一起煮水20分钟后，滤出汁饮用。

【功效】
1. 调理吃肉食过多消化不良引起的腹泻和咳嗽。
2. 顺气，化痰，促进消化。

读者评论

我家孩子从小爱积食，山楂胡萝卜水是用得最多的，好喝又好用。

——怡

考前的紧张焦虑会影响肝脏系统的功能，喝点蜂蜜醋水有排毒、舒缓压力的作用。

蜂蜜醋水

【做法】
每天晚上，用1勺醋加1勺蜂蜜加一杯水调成蜂蜜醋水，给孩子喝下。

【功效】
减压、清洁肠胃，还可以缓解孩子紧张失眠。

> **允斌叮嘱**　调蜂蜜醋水的时候，水温不要高过40℃，否则会破坏蜂蜜的营养。另外，蜂蜜是安神的，如果早上喝，不要加太多。

　　大考临近,考生心里的紧张感会越来越强,心火往往会变旺。此时正是初夏,天气越来越热。内热外火夹在一起,有些孩子舌头就长出溃疡来了,晚上睡觉觉得心里烦热,翻来覆去睡不好。这时候,可以喝一道清心助眠茶。

　　甘草能解热毒,又能补心气。

　　莲子心虽然寒凉,但不凉胃,而是专去心火。而且它可以交通心肾,可用于调理心肾不交型失眠。

莲子心甘草茶

【原料】
莲子心2克、甘草3克。

【做法】
将原料放入杯中,沸水冲泡。

【功效】
1.调理心烦失眠。

2.生津止渴,清心火。

> **允斌叮嘱**
>
> 用拇指、食指、中指轻轻捏起一撮莲子心,差不多就是2克;而3克甘草的量,差不多是6小片。

1. 最近（学校）心火旺的孩子很多，晚上睡觉翻来覆去。用陈老师的莲子心甘草茶，一次效果就灵，试一个，灵一个。

——铃铃＋南昌

2. 这些天被失眠折腾得很惨，各种办法都试了还是不行。晚上躺在床上睡不着，突然想起莲子心甘草茶了。会不会是上心火了呢？这下找到根源了，喝了一天就能安睡了！

——兰亭秋雁

3. 莲子心甘草茶解决了姐姐多年的口腔溃疡问题。了解自己和家人的体质，及时对症食疗，得到了非常好的疗效！

——JANE将近

4. 这两天睡得不踏实，一看是舌尖红，属于心火旺。昨天晚上煮了一碗莲子心甘草茶，昨天晚上一夜好眠。

——台州—清秋

5. 前天感觉人很烦躁，睡眠不好。昨天起床后就发现舌尖红肿、疼痛。睡前喝了一杯莲子心甘草茶，整晚睡到天亮，今天起床舌尖也完全好了。

——蛙

6. 喝了莲子心甘草茶后口腔溃疡很快愈合。跟着老师节气养身的步伐，现在口腔溃疡都很少复发了！以前只要口里起泡就会溃疡，用啥都没效果。现在即使起泡也能自己愈合！

——小晖晖

7. 这几天去心火，喝莲心甘草茶，眼睛的红血丝好多了。

——麻春敏

8. 太神奇了吧！昨晚我就喝了一次莲子心甘草茶，晚上睡了6个多小时，今天中午也睡了快2个小时！要知道，我已经连续六天晚上只睡4个小时，中午睡不着。

——12群读者

9. 喝了一天莲子心甘草茶，眼睛的红肿消下去了。

——眼镜&姐姐

10.莲子心甘草茶喝了一天，舌头尖真的没有那么疼了。

——李遥

11.我女儿高考第一天中午回来跟我说，一进考场就打喷嚏，出汗，流清鼻涕。我判断她太紧张了，翻书看到这个症状反应是气虚型感冒，我好心焦，立马按老师的方子煮了红枣姜大米粥，让她午睡前喝一碗，起床后又喝一碗。又泡了莲子心甘草茶给她喝。下午考完问她状况，她说下午完全好了。晚上我又煮艾叶水给她泡脚，第二天考完试回家说，今天的状态超级好。感谢遇见老师，要不真不知该怎么办才好，特别是高考这么重要的日子。

——韦小芳-广西

12.我昨天吃了小龙虾，还有其他很辣的菜，我通常一吃辣的就要失眠、喉咙痛、咳黄痰，所以我吃完回来就赶紧去买了莲子心和甘草。回家先用半根牛蒡去嗓子的火，果菊清饮一直都在喝，用乌梅大枣止汗（这几天出汗多），快来例假了还喝了益母草方，睡前喝了莲心甘草茶，贴上吴茱萸足贴就去睡觉。一早起来，喉咙、舌头全都好好的，太开心了！

——32群KEKE

　　这是我给正在读中学的儿子特配的保健茶方，在秋冬季每天煮给他喝。

　　现在的学生学业非常繁忙，这样很亏气。白天上学也不能吃到家里的饭。再加上青春期和学习的压力，情绪的积压也易伤身体。因此青春期的孩子很需要补一补，但不能像大人那样大补，要"清补"，一边补一边排毒，才不会补上火。

加强版梅子汤

【原料】

乌梅6个、川陈皮1/4～1/2个、大枣6个、山楂10克、甘草5克、黄芪30到50克、罗汉果1个、牛蒡（20克以上）、玫瑰花30克、枸杞子（不限量，可以多一些）。

【做法】

玫瑰花、枸杞子不下锅，先将其他材料煮40分钟，再放入玫瑰花，煮1分钟关火，加入枸杞子，晾温后饮用。枸杞子可以吃掉。

【功效】

调和气血，排毒，减脂。

允斌 叮嘱	1. 这个茶方大人喝也很好，孕妇需要减去山楂。 2. 女生经期不饮。 3. 枸杞子多放一些效果才好。

读者评论

1. 昨晚出去风很大，回家后感觉头及嗓子都不舒服。早晨煮了加强版甘草陈皮梅子汤，对解决咽喉方面的问题太有效果了，今天感觉好多了。

   ——品茗赏鱼

2. 前几天舌头疼，估计是长了溃疡，第二天煮了加强版乌梅汤，突然发现舌头疼的现象不知道什么时候不见了，真是高兴！

   ——禾惠

3. 以前，我只在夏天喝冰镇酸梅汤，看了陈老师的文章才知道酸梅汤还可以治病。去年秋天我坚持喝了一个月的酸梅汤，最大的效果就是，现在去外面吃饭不会拉肚子了。有这种症状的朋友也可以试试！

   ——玲

4. 我女儿感冒咳嗽，中西医都看了，吃了好多药也不见好。后来想起了陈老师讲的罗汉果酸梅汤，喝了两天奇迹就出现了，居然不咳了。

   ——风和日丽

加强版梅子汤是日常调理气血的，它可以随季节而增加不同食材，调出各种功效的加味版。在流感季节，我们煮这个茶方时，可以把柑橘的果皮放进去一起煮，这样就变成了一道防感冒咳嗽的茶饮。

橘香梅子汤

【原料】

乌梅6个、川陈皮1/4～1/2个、大枣6个、山楂10克、甘草5克、罗汉果1个（压破）、牛蒡20克以上、两个川红橘或橙子的皮。

【做法】

沸水闷泡30分钟，有条件煮水更佳。

【功效】

预防感冒、儿童咳嗽、积食。

允斌叮嘱	1. 孕妇减去山楂。
	2. 女生经期不饮。

读者评论

1. 秋冬加强版梅子汤最近这些日子每天都在喝，还加了当归和山茱萸进去。酸酸甜甜，喝了口不干舌不燥，开胃消食，固表，补气血，助睡眠。每次喝完睡觉都特别好，还能祛痘。我发现喝一段梅子汤，唇周围和下巴上若隐若现的"小颗粒"，消失不见了。这下，又跟陈老师学会一招儿：加上两个鲜橘皮或橙皮，能防治流感。

——行者

2. 防感冒效果非常好哦！孩子在学校，没有被流感病毒袭击哦！

——玉兔

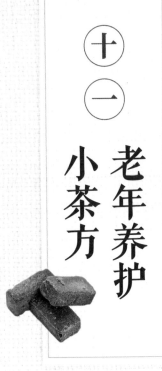

十一　老年养护小茶方

全桂圆茶

【原料】
带壳的干桂圆500克。

【做法】

1. 将桂圆放在加面粉的清水中泡10分钟，冲洗干净。

2. 洗净的桂圆放入锅中，加7杯清水下锅，水开后转小火煮1小时左右，直到汤汁的颜色变深，大约煮到还剩2杯水时关火。

3. 过滤出桂圆水，晾凉后装瓶，放入冰箱冷藏，可以放五天。

4. 每次取半杯，放入随身杯，直接饮用，或加开水稀释饮用。

 →

【功效】

1. 预防记忆力减退、心神不宁。

2. 补血、养心。

允斌叮嘱

1. 煮过的桂圆，里面的肉基本上没有味道了，可以不吃，但可以把里面的核留下来晾干，打成粉备用。

2. 如果用冲泡整个桂圆的方法，药性不能完全释放，最好还是煮一下，而且要煮30分钟以上。

3. 市场上有些桂圆为了外观好看和防虫会涂黄粉，这种桂圆不要连壳一起煮。

读者评论

1. 带壳的干桂圆，预防记忆力减退、心神不宁，对补血、养心有特效。

——好人一生平安

2. 全桂圆茶，本人饮后心脏功能改善了，补血养心，睡眠也好了。

——杨爱莲

古人说：松柏之气，使人延年。常喝松茶有抗衰老的作用。

现代研究也证实：松针能清除人体老化物、减缓衰老。用松针水喂养果蝇，果蝇的平均寿命延长了很多，换算成人类寿命，相当于多活了二十四年。

当我们有机会采摘新鲜松针时，除了喝松针汁，还可以自己炒制松针茶，留着慢慢喝。

松针枸杞茶

【原料】

新鲜松针 500 克、枸杞子 300 克。（松针的处理方法，详细说明可以参见本书对症调养篇 222 页）

【做法】

1. 把洗净处理过的松针用剪刀剪成1.5厘米左右长的小段。

2. 炒锅烧热，不要放油，把剪好的松针放进去干炒2分钟去掉水气。

3. 放在阳台上晒1天，装到瓶子里密封。

4. 每次取一小撮，加入一大把枸杞子，沸水冲泡，闷10分钟后饮用。可以反复冲泡。

5. 最后将枸杞子吃掉。

【功效】

1. 预防感冒，秋冬季常饮可以提高抗病能力。

2. 祛风湿，预防关节痛、腰痛、肩痛。

3. 坚持饮用可以缓解老年人腿肿。

4. 强筋健骨，抗衰老。

> 允斌
> 叮嘱
>
> 松针茶一定要喝温热的。

古人把萱草称为"忘忧花"，我们平时吃的黄花菜（金针菜），就是萱草的花。它不仅是煲汤做菜的好食材，也可以解气郁，止疼痛，降血脂，调理更年期症状，预防老年智力衰退，是送给妈妈的好礼物。

萱草忘忧茶

【原料】
干黄花菜25克、蜂蜜2勺。

【做法】
1.沸水冲泡，闷20分钟。
2.调入蜂蜜，趁热饮用。

【功效】
滋阴，理气，解郁，止痛，健脑，安五脏，抗衰老。

允斌叮嘱	1. 哮喘病人忌服。
	2. 黄花菜只能用晒干的，新鲜的黄花菜不可食用！

这道醋饮适合中老年人平时保健来喝。

紫菜醋饮

【原料】

干紫菜25克、带皮生姜半块、红糖150克、米醋大半瓶。

【做法】

1.生姜不要去皮，用加面粉的清水泡洗10分钟，清洗干净，沥干水分。

2.把全部原料放进米醋瓶中，泡制半个月以上，就可以喝了。

3.每次取50毫升放入随身杯，用温开水稀释饮用。

【功效】

1.清血毒。

2.降血脂，舒缓压力。

3.防止脚底皮肤干燥脱皮。

读者评论

冬天脚底脱皮、脚后跟开裂，听老师的吃了银耳，又喝这个紫菜醋饮，泡了半个月后开始喝，味道没有想象中那么古怪。坚持喝了一段时间，最近发现，脚后跟竟然没有开裂了，很光滑。太爱陈老师的小食方了。

——原点

山楂和核桃的搭配，适合心血管瘀阻和有冠心病的老年人日常保健，可以疏通血脉。也能预防由于血瘀引起的皮肤长斑，特别是老年斑。

山楂核桃茶

【原料】
核桃仁500克、山楂150克、红糖100克。

【做法】
1. 把核桃仁放入无油的炒锅，用小火炒香，再用刀切碎，或用料理机打碎，晾凉。
2. 全部原料分成10份，分别装入10个茶包袋，装瓶密封，放阴凉处或放入冰箱冷藏。
3. 每次取1袋，用沸水冲泡，闷30分钟后饮用。有条件煮水更佳。

【功效】
1. 润肺补肾，通血脉，预防气喘。
2. 预防皮肤长斑。

中老年人血管越来越硬化，气血不和，血气不容易上荣于面，使得气色看起来不佳，面色暗沉，可以常喝玫瑰红颜茶来调气血。

玫瑰红颜茶

【原料】
干玫瑰花120朵、红枣60个、枸杞子200克。

【做法】
1. 全部原料分成10份，分别装入10个茶包袋。
2. 每次取1袋，沸水冲泡，闷10分钟后饮用，最后可以将枸杞子吃掉。

【功效】
1. 益气和血，调养肝肾。
2. 疏通血脉，适合心血管保健。

读者评论

1. 最爱玫瑰红颜茶。我原来脸色又黄又暗，还有斑，又爱生气，喝了一段时间这个茶方后，连儿子都说我变美变温柔啦。

　　　　　　　　　　——小宇哥

2. 玫瑰红颜茶，经前胸胀，脾气差，喝了一段时间效果特别好。

　　　　　　　　　　——Mary

3. 我经常半夜三四点醒来，后来白天用玫瑰红糖枸杞子泡水喝，晚上枕睡眠药枕，症状改善了好多。

　　　　　　　　　　——森之阳

十二 小食材，大功效
——35种适合配保健茶的家常食材

这本书分享了100多种小茶包配方，但主要材料其实只有35种。为了方便大家，我选用了这35种生活中常见的食材，大多数在普通家庭的厨房里都可以找到。看起来很普通的食材，通过不同的搭配，就能发挥不同的作用。

　　在这一章里，您可以快速查阅到每一种食材的功效和选择方法的要点。

月季：校准月经周期的妇科良药 •

月季和玫瑰是姊妹花。但玫瑰只在每年的春末夏初开放，而月季则长年开花，在北方可以一直开到下雪之前。玫瑰是舶来品，而月季是中国自古以来就有的，在西方，它的名称直译过来就是"中国玫瑰"。

鲜花店出售的漂亮"玫瑰"，其实就是月季花；花园和公园里栽种的各种颜色的"玫瑰"，大部分也都是月季。真正的食用玫瑰是不作观赏用的，而且一般只有粉红色。

中医学认为，女子以肝为本。月季的特点是独入肝经，专门调理肝的问题，所以它是妇科良药。

月季花每月按时开放，因此得名月月红。对于女性每月的生理周期，它也有校准的作用，对于月经不规律，甚至闭经的女性很有帮助。

月季可以防止血液过于黏稠，对预防心血管病也有好处。跌打损伤之后，用月季调理可以防止瘀血。

读者评论

月季活血功效极好！对跌打损伤恢复也很好！推荐给朋友用，她的月经量少，刚好我们去野外摘到月季，泡红糖水喝，这个月的月经量多了很多。我很替她高兴！感谢老师，让我知道学习顺时生活，可以帮到他人，我很开心！

——我的世界

女人如花，玫瑰是女性的象征，而它也的确不负这个美名。常饮玫瑰茶，对女性来说，有莫大的好处，既能调身，又能调心。

玫瑰花能够理肝血、解肝郁，对于我们肝脏的气机升降功能有平衡作用。

玫瑰是双向调节的，对于肝气升发过度、脾气暴躁、肝火大的人，喝玫瑰茶能平息肝火；对于肝气升发不足、肝气郁结、情绪抑郁的人，喝玫瑰茶又能疏解肝气、舒展心情。

女性容易情绪不稳定，时而急躁，时而低落，喝玫瑰花茶调节心情再合适不过了。女性月经不调，喝玫瑰花茶可以活血通经，还有预防黄褐斑的作用。

建议女性朋友在家常备玫瑰，可以缓解经痛、腹痛、头痛，还可以补血、养颜，让你的气色变好。

男性喝玫瑰茶也是可以的，特别是工作压力大的男性，往往有肝气郁结的现象，容易引起脂肪肝。常喝玫瑰茶可以缓解压力。玫瑰的芳香还有唤醒脾胃功能的作用，对于血脂高的男性有帮助。

读者评论

1. 玫瑰花茶对于舒肝解郁特别好。以前脾气暴躁，坚持喝一段时间后，与同事相处融洽多了。

——云淡风清

2. 以前大宝贝会有嗳气的现象，喝了一段时间玫瑰花茶后，感觉症状没那么明显了。非常感谢陈老师。

——DONG

3. 最令我受益的是玫瑰花茶。生完宝宝之后，人总是看什么都不顺眼，再加上日夜照顾宝宝休息不好，人变得无明火起，还很抑郁。以前只认为玫瑰花可以美容养颜。后来听陈允斌老师说："玫瑰花能够理肝血、解肝郁，平息肝火，疏解肝气，舒展心情。"我就开始持续地喝了一段时间的玫瑰花茶，人变得特别舒心，眼前的世界不再像之前那么糟；有的时候闻着玫瑰花茶的香，还会淡淡微笑。改变太多了！真心感谢陈允斌老师的这个茶方。

——Kate

4. 坚持喝玫瑰花茶，一段时间后你会发现身体有很多变化，指甲、脾气、经期等等。过半年，再对比，真的会有很大的惊喜。

——40群读者

5. 玫瑰花真是好，心情不好想不开的，建议长期喝起来！是真的，我一年前常常想不开，后来坚持喝玫瑰花，现在欢脱得不行！

——晶晶

6. 早上起来时觉得心情非常抑郁，玫瑰茶喝下去，感觉舒服多了。

——糖依儿

7. 我喜欢玫瑰花茶，春天喝很多次。喝了睡眠比较好，白天不觉得困。

——珍珍

8. 老师的茶方都好，我常喝的是玫瑰茶。因脾气急躁，多年肝郁，坚持喝玫瑰红糖茶一段时间，觉着整个人的精神状态好多了。

——星火

9. 我是肝火旺盛，很容易引起口臭。喝一杯玫瑰花茶之后，口臭问题立刻解决，真的很神奇。

——满满

10. 我每天坚持喝玫瑰花茶，脾气都好多了，以前那脾气一点就燃。

——Cindyruan

11. 之前每次月经前都头疼肚子胀痛，这次有幸拜读了陈老师的玫瑰花茶的文章，马上买了苦水玫瑰，喝了1周左右，这次月经居然没有再头疼，肚子也没那么胀痛了！

——dore

桂花飘香的时候，最适合泡一杯桂花茶，既应景又养生。

桂花的功效

1. 养肺，预防咳喘。

2. 养肝，提升脾胃功能。

3. 通月经。

4. 通便秘。

桂花有几种颜色，黄色的叫金桂；白色的叫银桂；红色的叫丹桂，香气最浓。

还有一种四季桂，四季可以开花。它是灌木，株型矮小，可以种在花盆里，而且耐寒，在北方也可以生长。

我曾在家里阳台上养过两株四季桂，每天都有新花开放，随时可以采摘到鲜花。不过四季桂香气较为清淡，功效不如一年只开一季的桂花。

新鲜桂花采摘后如何处理

如果是自己采摘的要注意：新鲜桂花采摘后，放一会儿，仔细观察会看到有很小很小的小虫从花瓣里爬出来。这是桂花的香味招来的小腻虫。所以刚采来的花不要马上使用，最好是先放 1 个小时，然后用淡盐水泡 10 分钟，冲洗干净。

新鲜桂花怎样保存香气

桂花只能烘干，不能晒干，一晒香气就没有了。可以用盐来保存。按1:5，把盐和桂花一起拌匀，放在没有沾过油的干净玻璃瓶里，装满一瓶后压实，封好瓶口，放在阴凉避光的地方，可以放一年，桂花的香味不变。用的时候，取出来用清水漂洗一下，去掉盐分就可以了。

读者评论

我入睡很快，晚上也不起夜，就是梦多。这次从寒露开始，我每天喝桂花枸杞茶，最近四天下午又加喝了玫瑰花茶疏肝火，晚上用吴茱萸贴引火下行。我发现最近连续三天，早晨起来的时候完全想不起来昨天晚上是不是做梦了，而且脑子非常清醒。早晨打开窗的时候，外面院里的桂花飘香，这种起床的感觉真的是非常非常好。

——青山常在

菊花：古称"延寿客"，各种颜色功效不同 •

菊花有四大名品：亳菊、滁菊、贡菊、杭菊，前三者都产于安徽。杭菊产于浙江，以杭州为集散地，所以称为杭菊。著名的杭白菊指的就是浙江产的白菊花。另外，河南出产的"怀菊"也很有名，是四大怀药之一。

菊花的主要作用是清肝明目、疏散风热，它主要作用于人体的上部，特别是头部，可以调理头晕目眩和眼睛的问题。

菊花清热解毒，对于皮肤长疖子或粉刺有消炎作用。

菊花还能通利血脉，对于预防高血压和心血管疾病都有帮助。

菊花有黄、白两种，作用相近，传统习惯上，清肝明目一般用白菊花，疏散风热一般用黄菊花。平时在家泡茶喝用哪种都可以。只是要跟野菊花区分，野菊花是小黄花，味道很苦，比较寒，主要用于清热解毒，不用作日常保健。

菊花是凉性的，脾胃虚寒的人不要多喝，以免损伤胃气。女性月经期也不要喝。

读者评论

我妹眼睛患睑腺炎（麦粒肿），我告诉她用菊花连喝带熏眼睛，下午下班就好了。老师的方法简单有效还没有副作用，真棒！

——32群读者

苹果：水果中的"家庭医生"

西方人爱说一句话：一天一苹果，医生远离我。的确如此。苹果可以说是水果中的家庭医生，有各种保健功效。

一般的水果，不是偏凉就是偏温，最平和无偏的就是苹果了。所以苹果几乎人人可以吃。

唐代药王孙思邈《千金方·食治》中记载：苹果能"益心气"，说得非常确切。现代研究表明，苹果富含锌和铁，能够养心、补血、安神，提高记忆力。

苹果不仅养心，还悦心，它是使人快乐的水果。房间里常放一盘苹果，空气特别清香，能使人心情愉快，缓解抑郁的情绪。有心事睡不着的时候，闻闻苹果的味道，能使人放松心情，尽快入睡。

苹果皮吃不吃？这个问题讨论了几十年。其实，苹果皮是可以入药的。据研究，苹果皮的含铁量是果肉的 26 倍。苹果皮的红色，来自花青苷，是抗氧化、清除人体自由基的宝贝。苹果皮是健齿的，可以防止牙垢生成。

苹果有双向调节作用，生吃能预防便秘，而蒸熟了吃能调理腹泻。

苹果生吃、熟吃的不同

生吃帮助身体排毒，可开胃、消除腹胀、降脂、预防便秘。

熟吃以补益为主，可健脾、养血、补脑、调理腹泻。

为了避免农药和保鲜剂残留，要把苹果放在加面粉的清水里好好地泡洗 10 分钟，然后清洗干净再连皮吃。

读者评论

今天朋友喝多了，给他送了一小瓶苹果醋，恶心症状立刻没有了，好神奇哦。剩下的当宝贝收好了。
——(*-﹏-*)

大枣是食物中的甘草,它能调和药性,解药毒。因此煲药膳的时候,往往会配几颗大枣。它就像一个和事佬,起到一个协调作用,避免药性伤脾胃。在医圣张仲景的千古名著《伤寒论》中,有三分之一以上的方子用到了大枣。凡是气血虚弱,几乎都用大枣,而且用量不小,常用量是12枚。

治疗血虚寒厥的当归四逆汤,用了多达25枚的大枣,来起到温经散寒、养血通脉的作用。

大家都知道大枣是补血的,其实它还能给我们的身体补水,可以生津润肺。口渴又怕凉的人,吃大枣很合适。大枣也是补气的,气虚经常出汗的人常吃有好处。

俗话说:一日吃三枣,终生不显老。好多人因此大把地吃大枣,特别是害怕贫血的女性。这样不但血没补好,身体倒吃胖了,有的还吃出了口腔溃疡。为什么?因为大枣是生湿热的。凡是体内湿热重的人,比如有痰多、肥胖、湿疹、胃火重、口臭、便秘这些现象的人,越吃问题会越严重。

一日吃三枣,我们要注意这个"三"字很关键。正常人一般一天吃3~6个是比较合适的,再多就是治病了。

如果想吃更多的大枣,可以煮水或煲汤,只喝水,不吃枣肉。这样就可以获得枣皮的功效,而又不会生痰湿。

另外,一定要注意搭配。

大枣有两个好搭档:一是陈皮,二是生姜。

脾胃虚弱的人、湿气重的人吃大枣适合配陈皮。大枣和陈皮都能健脾胃。大枣生痰,陈皮化痰。多吃大枣会腹胀没胃口,而陈皮能开胃、消除腹胀。

气血虚弱或怕冷的人吃大枣适合配生姜。大枣生湿,生姜祛湿;大枣止汗,生姜发汗;大枣补气,生姜散气。大枣和生姜搭配在一起,能调节人体的消化功能，增强抵抗力。《伤寒论》共113个方子，其中有35个药方用到了姜枣这一对搭配，取其调和营卫、补中散寒的功效。其中最有名的"桂枝汤"，被誉为"调理阴阳第一方"，一共五味药中就包含姜枣这两味，主要作用是调节阴阳平衡，促进气血畅通。

冬季鲜枣上市，如何辨别是不是糖精枣？

1.看颜色。如果颜色通红，或者红绿有明显分界线的，说明是泡过的枣，而非自然成熟。

2.尝口感。泡过的枣从皮到肉都非常甜，且甜味并非自然的水果香甜。

中国人自古以来就喜欢服用枸杞子，认为它是延年益寿的灵药。

古人评价枸杞子"使气可充，血可补，阳可生，阴可长，火可降，风湿可去，有十全之妙用"。

枸杞子的关键作用是补肝肾的精血，因此可以抗衰老，预防白发。

枸杞子的五大功效

调理血虚和肾精亏损引起的各种问题，比如须发早白、头晕耳鸣、贫血精亏等等。

枸杞子也被称为"明目子"，它明目的功效是很突出的。眼睛发花、迎风流泪或是两眼干涩的人，吃枸杞子都有好处。

老年人吃枸杞子，有降血脂、降血压，预防腰膝酸软的作用。

年轻人吃，可以使精力充沛，预防脂肪肝，还有温和的减肥和养颜功效。

孩子吃枸杞子，对牙齿和骨骼的生长很有好处。枸杞子最好的一点是，功效强，却很平和。许多补品儿童不能吃，枸杞子却可以。

古人说"去家千里，勿食枸杞子"，是因为枸杞子补肾精的作用很强。枸杞子并不含有性激素，它是通过滋补肝肾来壮精益神，使人神满精足。因此，小孩可以放心吃枸杞子。

注意：

枸杞子比较滋补，感冒发热时不要多吃。便溏的人吃枸杞子，可以配五味子。脾虚、有湿气的人，吃枸杞子要配上陈皮或莲子。

枸杞子适合日常保健，经常吃，吃够量，效果才好。泡水时，可以多抓一些，泡饮后将枸杞子吃掉。

怎样挑选枸杞子

枸杞子有不同的品种。2015 年版《中国药典》规定，入药的枸杞子品种为宁夏枸杞，简称宁杞。

注意宁夏枸杞是品种的名称，并非专指产于宁夏的枸杞。在西北各地都有宁杞种植，只是品质的优劣差异较大。

《本草纲目》中记载，枸杞子"以甘州者为绝品。河西及甘州者，其子圆如樱桃，曝干紧小少核，干亦红润甘美，味如葡萄，可作果食，异于他处者"。并引用宋代沈括所言"则入药大抵以河西者为上也"。

上面所说的"河西及甘州"（古甘州的行政中心在张掖）枸杞子正是来自现今甘肃及宁夏的几个枸杞子主产区，这些地方主要种植的是药用枸杞子——宁杞。

宁夏、甘肃的枸杞子比较小粒，后味有些发苦，这种宁杞药性上佳。

宁杞有明显的白色果蒂。现在有用未成熟的其他品种枸杞子剪掉梗来混充宁杞的，看起来个头不大，也有白色的果蒂，要注意鉴别。

怎样识别好枸杞子

1. 看结块。不容易结块，个别黏结在一起也比较容易分开。

2. 看浮水率。准备一杯清水，抓十几粒枸杞子放进去，浮水率越高，品质越好。

3. 看颜色。暗红发紫的质量好，鲜红色的可能经过染色、硫熏或泡过亚硫酸钠。

读者评论

1. 眼睛干涩，坚持喝水泡枸杞子后，眼睛现在好多了。

——芳草

2. 八年前我看电脑时睁不开眼睛，不敢盯着屏幕看。当时爸爸回老家留下大半斤枸杞子没吃完，我也不敢吃，因为以前吃了会上火，可能没掌握量一次吃太多的缘故，但是又不想放坏浪费了。后来查了下，一次十几粒，一天吃两次比较好，我照这个量吃了。第二天下班时突然发现眼睛不像以前那样刺得睁不开了，我觉得是枸杞子的作用。吃完剩下的，这么多年没有发生过在屏幕前睁不开眼睛的情况了。后来我也经常吃枸杞子，亲身体验觉得枸杞子对眼睛有益。

——^_^

梨：咳嗽就蒸梨吃？大多数人都错了

很多人以为吃梨可以化痰止咳，一咳嗽有痰就用冰糖蒸梨来吃。其实梨肉是润肺的，痰多的时候，越吃梨，痰越多，特别是寒性咳嗽不能吃梨。而热性咳嗽，单用梨肉也不行，一定要用到梨皮效果才好。

梨肉以降火去燥为主，而梨皮有消炎止咳的功效。

梨肉降火，但比较寒凉，容易引起腹泻，梨皮可以止泻。

梨有各种品种，普通的雪梨、水晶梨止咳的效果比较好；圆形的砀山梨，肉质比较粗但很甜，它的皮止泻的效果比较好；新疆的香梨很好吃，但梨皮止咳的效果就一般了。

市场卖的梨可能上过保鲜剂，买回来以后要好好地清洗再削皮。

清洗方法：用加面粉的清水泡10分钟后，冲洗干净。

读者评论

这两天小孩有点干咳，用2个梨的皮煮成1杯水，煮了2次喝了2天，今天完全好了。

——海燕

柠檬的好功效，皮的作用占了大半。柠檬皮能理气、化痰、舒肝、健胃。吃柠檬一定要把皮留下。

柠檬的功效

1. 生津，止渴。

2. 开胃。

3. 预防肾结石。

4. 提高抵抗力（防感冒）。

5. 杀菌。海鲜放柠檬汁可以完全杀菌。注意：最好等10分钟再吃。

6. 分解油脂，减肥。

7. 高血压伴有内热（口干舌燥，经常咽喉痛），可以用柠檬加荸荠调理。

8. 孕妇安胎。

9. 柠檬的气味有通经活络的作用，作用于人体的神经系统，能抗焦虑，抗抑郁。

10. 柠檬可以防止麻醉手术后恶心呕吐。手术后将新鲜柠檬皮放在鼻孔下面，用胶布粘住，大约半个小时没味儿了就换一片，坚持一天。

11. 改善头部血瘀、血液循环受阻的状态，提高记忆力，防止老年痴呆。

12. 增加人体对钙的吸收率。国外曾做过一个实验，让7名36～59岁的人每天喝450毫升柠檬汁，连喝3个月后有6人的骨密度有所上升。

13. 预防经济舱综合征。坐长途飞机，久坐不动，容易形成血栓，引发经济舱综合征。特别是血瘀型体质的人手术后，静脉曲张、心血管病、"三高"等人士以及孕妇等高危人群，可以随身带一杯柠檬汁，坐飞机时喝，有助于血液循环畅通。

制作便携茶饮，用超市卖的干柠檬片当然最方便。但新鲜的柠檬用起来其实并不麻烦。早上取一个新鲜柠檬，切成片，用保鲜膜包起来带上，或是直接放入随身杯带出门，都很方便。

切开的新鲜柠檬，如果一次用不完，可以把剩下的半个切成片，淋上蜂蜜，让蜂蜜充分覆盖住柠檬的表面，装在没有沾过油的干净保鲜盒里，放入冰箱冷藏，能保存很长时间，随时可以取出来使用。

柠檬能结三季果，但主要是在冬天成熟。其他季节上市的柠檬大多是用催熟剂催黄的。因此，新鲜柠檬买回来一定要用加面粉的清水泡上10分钟，然后冲洗干净再用。

读者评论 -

柠檬水喝了八天，觉得身体轻了，肚子小了一点。

——12群读者

西瓜：天生白虎汤 •

古人给西瓜取了一个美称：天生白虎汤。白虎汤是中医名方，是治热病的。西瓜的功效，就相当于一剂温和的白虎汤。在酷热的夏天，人们感觉全身发热，出汗多，口干舌燥，这时候吃上一块清凉的西瓜，好比救急的良药，顿时就舒服了。

一个西瓜包含了绿、白、红、黑四种颜色。外层瓜皮绿，里层瓜肉红，瓜子黑，瓜子仁白。颜色不同，功效也有区别。瓜皮、瓜肉性寒，瓜子性温。

西瓜外层的青皮是一味中药，叫作西瓜翠衣，有清热止渴的作用，可以晒干泡茶喝，能去心火。里层的白皮可以当菜吃，有利水消肿的作用。

西瓜子可以去心肺积水。黑色的外壳能止血，白色的瓜子仁能化痰。

西瓜子还有一个用处，可以预防吃西瓜后肠胃的不适。脾胃寒湿重的人吃西瓜，会出现胸闷胃胀、嗳气的现象。准备一盘干的西瓜子一起吃，就没事了。

西瓜的瓜肉可以凉血，祛除上中下三焦之热，上能清心肺火，中能清肝胃火，下能清膀胱火。它能把心火往下引，通过小便排出去。

西瓜清火，是很寒的，吃多了会加重脾胃的寒湿，引起腹泻。病后体虚的人和产后的女性不要吃。

山楂：现代"富贵病"的克星 ·

山楂是现代"富贵病"的克星。它降血脂、降血压的功效很好，又能消肉食、减肥，还有强心的功效，对于冠心病、心律不齐都有调理作用。

市面上出售的山楂有三种：山楂、山里红和野山楂。

野山楂主要产于南方，个头比较小，肉也薄，味道有些涩。山楂和山里红主要产于北方，它们长得很像，只是山里红的肉更厚些，味道也好点，适合鲜食或是熬制山楂果酱。老北京著名的冰糖葫芦，用的就是新鲜山里红。

入药时，山楂和山里红一般统称为北山楂，野山楂一般称为南山楂。它们的作用相近。一般来说，北山楂消食化瘀的功效要强些，南山楂杀菌止痢的功效要强些。

怎么区别从药店买来的是北山楂还是南山楂呢？北山楂一般是切成片的，而南山楂一般是整个儿晒干的。

买干山楂要注意辨别真假。山楂的表皮比较粗糙，上面有许多灰白色的斑点，而且核相当坚硬。如果表皮光滑，没有斑点，核不够坚硬，就不是真正的山楂。

山楂一般不生吃，尤其不能空腹生吃。生山楂吃多了伤胃，对牙齿也有腐蚀作用，有龋齿的人特别要当心。

注意：孕妇、胃酸过多的人、胃溃疡和十二指肠溃疡患者不宜吃山楂，服用补药期间也不要吃山楂。

读者评论

过年时大鱼大肉吃得胃不舒服，下午回家刚好看到陈老师关于过年积食的视频，家里还有山楂干，马上拿一把放锅里炒，然后煮水喝了，晚上就吃稀饭和腊八蒜，现在胃舒服了很多。

——读者朋友

当我们喝带有山楂或乌梅的小茶方时，如果觉得酸，又不想放糖，可以加一个罗汉果进去，茶的口味马上会变清甜，却不会增加糖分摄入。

罗汉果是天然甜味剂，它不含糖分，却含有一种罗汉果甜苷。这种营养素比蔗糖甜 300 倍，喝起来跟糖的口感相似，还有降血脂、抗氧化、调理肝损伤的功效。

平时不能多吃糖的人，可以用罗汉果来代替糖使用，比其他的代糖剂和甜味剂安全，还可以调理糖尿病和降血脂。

罗汉果产于广西，是罗汉的果实。罗汉，是一种爬藤植物，是葫芦的亲戚。

新鲜的罗汉果是绿色的，烘干后可以保存很多年。

我曾经做过实验，一盒罗汉果在家里放置了十来年，打开来看，中间的核都变成粉末了，还是没有坏。

怎样挑选罗汉果

听声音：罗汉果挑选外皮干，里面不空心的才好。买的时候可以放到耳边摇一摇，听一听，如果感觉里面能摇动发出声音就是太干了，有点空心。

看成熟度：每年 9 到 10 月，罗汉果成熟得刚刚好，这种叫作中期果，药效最佳。挑选的时候可以看皮色，偏绿的是早期果，不如中期果成熟度好。

看颜色：皮色深棕的罗汉果，是高温烘干的，煮出来的水会有一股药味。皮色黄绿的罗汉果，是低温烘干的，煮出来的水甘甜清香，没有药味，孩子会更喜欢一些。

罗汉果一定要连皮带核一起用。它的果皮作用于肺和胃,果核作用于肾,要留下核才能补到肾气。

读者评论

1. 6个乌梅,3个大枣,罗汉果1个,差不多天天喝,喝了三个月,血糖从13降到6.6。

——想想山东

2. 用过罗汉果清肺饮,本是给家人调理支气管炎咽喉问题的。将7个罗汉果煮两次40分钟的水加一起放入冰箱分7天喝,方便又省事。喝了两周,上个月体检时血糖由原来的6.2降到5.5的正常范围内了,没想到有意外收获,血糖降下来了。感恩老师!

——cherry

3. 罗汉果降糖效果很棒,喝了十九天,血糖从8.8降到8.1。

——心怡

4. 我们办公室共四人,一位咳嗽引起肺炎,天天打点滴,另外两位感冒咳嗽。我自幼摘除了扁桃体,喉咙口没有防护,在这恶劣的环境中,我的喉咙口"硝烟弥漫"。我赶紧调来陈老师家的"大将"罗汉果和鱼腥草"轮番轰炸",两天康复!

——4群读者

5. 以前儿子吃饭就会大汗淋漓,汗珠子滴答滴答地流。从去年夏天开始用罗汉果,断断续续地喝,现在吃饭已经不出汗了。

——安心若水

6. 我女儿感冒后咳嗽吃了好多药,中西医都看了。看着她总咳,想起了罗汉果酸梅汤,结果喝了两天奇迹出现了,居然不咳了。

——风和日丽

7. 老师说过喝罗汉果水可以调整蒸笼头,喝了一段时间真的好了。

——顺时打卡群读者

8. 前两天孩子在学校喊口号嗓子说不出话,喝了罗汉果茶,第二天就好了很多,孩子自己都说很管用。

——8群读者

9. 昨天下午开始喉咙发紧,估计是感冒了,这次试试牛蒡加罗汉果,太妙了,一杯就基本OK啦。今天继续。

——心怡

10. 上个月我就感觉底裤老有点味道,闷湿的感觉,刚好喉咙有痰,我就用干品鱼腥草加罗汉果煮水喝了,差不多七天,结果现在底裤干净得很,很神奇。

——6群读者

11. 孩子就喜欢三煎三煮的罗汉果水，一周1～2次，已经好久没出现咽炎问题了，便秘也不知不觉地好了。继续坚持。

——期待～

12. 亲戚中有个年轻人，声音嘶哑发不出声音，赶忙给她煮罗汉果鱼腥草水，临走时就能发出声音了。非常感恩。

——小如微尘

13. 罗汉果抗炎饮非常好用！女儿一直有咳嗽症状，时好时坏，按照老师所说的把罗汉果压碎煮水喝，给女儿喝了一天后，好了！而且女儿很喜欢喝，甜甜的。非常感谢老师！

——阿艳

14. 我也曾咽喉发炎，痰多。听了陈允斌老师的《百科全说》讲坛，发炎的时候泡上半个罗汉果，喝上一天，基本会好，效果真的不错。

——桥

15. 罗汉果鱼腥草水效果显著，喝了一天嗓子便不疼了。

——胡艳

　　葡萄干与新鲜葡萄有什么区别？当我们吃新鲜葡萄时，很难将皮和籽吃下去。而葡萄干却是连皮带籽的。

　　葡萄的皮和籽中，抗氧化营养成分比葡萄果肉高，抗衰老作用更好，吃葡萄干可以让我们利用到葡萄的完整功效。

　　脾胃虚弱的人，消化不良的老年人，常吃葡萄干可以健脾开胃。

　　葡萄干在晾晒过程中会沾染很多灰尘，买回来之后要好好地清洗一下再吃。

葡萄含有的重要营养素

　　1. 葡萄糖。

　　2. 铁。

　　3. 果酸。

　　4. 类黄酮——抗氧化剂。

葡萄的食疗功效

　　1. 抗衰老。

　　2. 舒筋骨。

　　3. 降血压。

　　4. 消水肿。

　　5. 养肝血。

　　6. 安胎儿。

　　7. 解孕吐。

　　8. 促消化。

古时把核桃称为胡桃，认为是张骞通西域时从胡地引进中原的。1972年，在河北邯郸地区挖掘出7000多年前的核桃，才知道中国也是核桃的原产地之一。难怪核桃是中国人最常吃的干果，我们的消化系统经过几千年的适应，对核桃再熟悉不过了。

因为太熟悉、太家常，我们只把核桃看作保健食物，其实它的滋补作用是很强的。如果你想补肾，不一定要吃什么珍稀的补品，坚持吃核桃就有意想不到的效果。

核桃仁是《中国药典》正式收录的一味药，常用于补肾阳。

核桃仁

【功能】补肾，温肺，润肠。

【主治】用于肾阳不足、腰膝酸软、阳痿遗精、虚寒喘嗽、肠燥便秘。

（《中国药典》2015年版）

除了载入药典的功能之外，核桃还有一个少为人知的功效——化瘀。从小就总听母亲教导："核桃是'追瘀血的'，可以帮助排出人体内残留的瘀血。"女性由于血瘀引起严重痛经、生孩子后恶露不净时，用核桃的效果特别好。

人们不了解核桃活血的功效，只知道它是补肾、补脑的，没有让它物尽其用，有时候又会用错。比如许多怀孕的女性为了使宝宝更聪明，大把地吃核桃。但如果是有习惯性流产史的人，在怀孕早期吃太多核桃，就有一定的风险。

核桃对大脑有补益作用，并不是因为核桃仁长得像人的大脑，是因为核桃可以补肾。

肾和大脑是相通的，一个人如果肾精充足，脊髓就充足；而脊髓充足，就可以充实脑髓。

因此，小朋友多吃核桃可以增长智力，怀孕中期和晚期的女性吃核桃也可以促进胎儿脑神经的发育（孕早期则不建议多吃）。

核桃是温补的，还通便，火重的人、腹泻的人不要多吃，感冒痰多时不要吃。还有，喝白酒或浓茶时不要同时吃核桃。

核桃怎么选

核桃壳如果颜色洁白均匀没有黑斑，可能是漂白过的。这种壳不要用。

由于核桃仁含有丰富的核桃油，如果用薄皮或纸皮核桃，注意不要保存太久，因为皮薄不容易保质。

以前的那种老品种核桃，皮很坚硬，剥壳不太方便。但这种厚而致密的壳，对里面的核桃仁却是一个很好的保护。

1. 最近我喝核桃壳和陈皮煮的水，膝关节真的好了很多。

——如意

2. 喝了几天醪糟核桃仁煮水，经期排出的污血比以前多了很多，很有效果。

——梅子

3. 以前一直不敢跳绳，因为一跳绳，就会有小便流出来。今年从立夏开始，每天吃核桃壳和分心木煮鸡蛋，今天早上跳绳竟然没有遇到以前的尴尬事。

——石悦静

允斌解惑

千江问：书中茶方有的要煮很长时间，比如煮核桃壳要一小时，因为时间关系能否用电高压锅煮？

允斌答：可以的，用高压锅煮时间短一些。

桂圆：桂圆壳、桂圆核、桂圆肉皆是良药

好多人害怕喝桂圆茶上火。如果你把桂圆带壳一起泡茶来喝，那就不容易上火了。桂圆壳是祛风解毒的，能祛邪气。单用桂圆壳泡茶，可以调理因受风引起的头晕。

古人把桂圆称为"荔枝奴"，因为它与荔枝有些相似，但是个头儿要小许多，也没有荔枝那么娇贵难以保存。其实从保健功效上来说，桂圆比荔枝的应用范围要广泛得多。桂圆是温性的，并不像荔枝那样是热性的。荔枝入药不多，而桂圆则是中药方子中常用的补品。

一样桂圆有三样药——桂圆壳、桂圆核、桂圆肉。

桂圆壳轻，它是走头部的，专门祛除头部的风邪。经常喝点桂圆壳茶，到年老时就能头不晕、耳不聋。

桂圆核重，它的作用往下走，专门祛除下焦的湿气，还能止痛。可以用来调理寒性的肠胃炎和疝气引起的疼痛。焙干研成细末后，可以用来止血，促进伤口愈合，而且不留瘢痕。特别是头部的小伤口，敷了桂圆粉后，愈合以后还能长出新头发来。

桂圆肉不轻不重，它作用于人体的中部，专门补益心脾，养气血。很多人以为红枣最补血，其实桂圆肉补血的效果更好，而且不像红枣那样容易生湿热。

读者评论

1. 我觉得老师书中的煮桂圆调理小孩子的疝气很好。我家小孩有疝气，喝了一段时间，已经好了。

——美丽的早晨

2. 桂圆莲子茶用了效果好。我睡眠差得很，立春开始睡不着，看了陈老师的茶方，觉得这个食材好买，到处都有，就试试看，结果真的有效果。

——颜欣欣

3. 老师的桂圆莲子茶神奇到不可思议！前一阵子入睡困难梦多，就按照老师的方法喝了，很快入睡而且几乎没有梦！

——江南菡苕

松针：头发长、寿命长 ·

古人认为松针是神仙长生不老的食物，不仅把它当茶饮，也当菜吃，煮松针饭、松针粥。

《本草经集注》把它列入"草木上品"："松叶，味苦，温。主风湿痹疮气，生毛发，安五脏，守中，不饥，延年。"

现代研究发现，松针的确有延缓衰老的作用。用果蝇做实验，用0.8%浓度的马尾松针水来喂养果蝇，平均寿命从32天延长到了40天，相当于人类延寿24年。松针的功效很多，可以祛风，活血，明目，安神，解毒，可以用来预防流感、支气管炎，调理风湿关节痛、失眠、神经衰弱等慢性病。还有一个特别的功效就是促进头发生长。

冬吃苦，把肾补。这是我编的四季五味饮食口诀中的两句。意思是冬天吃些苦而性温的食材，可以帮助祛除人体下部的寒湿，有强肾的作用。

松针是苦而性温的食材中保健功效很突出的。对一般人来说，如果想在秋冬季喝些保健茶，松针是一个不错的选择。

鲜嫩的松针可以直接榨汁，用甘草、蜂蜜等甘味食材调和它的苦味，就适合四季饮用了。

松针的处理方法

有老年朋友采摘松针泡茶喝，结果喝完以后感觉头晕。这是为什么呢？是因为新鲜松针上有松油，如果不处理，有的人服用之后就会有不良反应。因此，使用松针一定要事先处理一下松油。

还要注意，松油很容易黏附空气中的灰尘，所以看起来绿油油的松针其实并不干净，一定要好好地清洗。

1.先用一盆清水，加少量面粉搅匀，放入松针，泡1小时，冲洗干净。

2.再用一盆清水，加少量碱粉溶化，放入松针，泡1小时，冲洗干净。

3.不喜欢松针苦味的人，可以再把松针放在5%的盐水中泡半天，然后换清水泡2小时，去除苦味。

经过这样处理的松针，泡茶时药性能够更好地析出，口感也更好。

允斌解惑

伟问：松针茶里的松针是任何松树的都可以吗？

允斌答：我们日常见到的松树大多都可以，但不是任何松树都可以。松树有200多种，中国的传统品种大约有32种，可以入药的有13种。常见的马尾松、云南松、湿地松、油松、红松、黄山松这些都可以用。

黄芪又称小人参，它的作用与人参相似，都是补气良药。但人参补的是元气，作用迅猛，不能轻易使用。而黄芪补的是脾肺之气，比较温和，功效却很强大。

除了补气之外，黄芪还有几个用处：

1.扩张血管，降血压，预防中风。

2.固表止汗，增强抵抗力，预防感冒。

3.利尿消肿，能调理肾炎、水肿，还能帮助虚胖的人减肥。

4.脱毒生肌。皮肤上如果有经久不愈的疮或溃疡，吃黄芪能促使脓毒排出，促进伤口愈合。

人体的心肝脾肺肾，黄芪都能补到。它能解脾湿，升肺气，强心气，益肾气，补肝虚。高血压、糖尿病、慢性肾炎等一些慢性病，还有手术后的病人、体质较虚的人，可以用黄芪来调理。一动就出汗，肺活量比较小，甚至内脏下垂的人，属于中气不足，最适宜用黄芪进补。

北方人把黄芪视为药材，其实南方人经常用它煲汤。古人更是把黄芪运用在寻常餐食之中，特别是大病初愈或是长期吃素的人，由于气血不足，往往会用到黄芪补气。

黄芪入药的部分是它的根部，所以熬的时间要长一点，才能熬出它的药性。

从前我家是用整根的黄芪，所以特别强调要"三煎三煮"。现在药店多制成柳叶片、指甲片。小片的黄芪，用保温杯闷泡也可以。当然，有条件还是久煮更佳。

注意：黄芪大补，急性病、感冒或身体有实热的时候不要用。特别是感冒时，如果喝了黄芪，会把感冒病邪封闭在体内，千万要注意。

1. 我原来有一个女同事，体积非常大，大概有两个半正常人的体积，总是气喘吁吁的，每天都很疲劳的样子，很容易打瞌睡。有一次我跟她出差，告诉她老师说过这种胖是气虚，应该多喝黄芪水。当时正是夏天，我说你每天用30克黄芪煮水或者煮粥喝，她答应试一试，因为她试过很多减肥的方法都无效，所以决定死马当活马医了。事后我也很久没有碰到她，有一次去楼下取快递，那时已经是初冬了，突然看到她，我真没想到她已经瘦到跟正常人一样了！甚至我觉得比我还瘦！我真的是很惊叹老师的方子，让我无意间帮了别人这么大的忙。

——琦琦

2. 按照陈老师的方法用黄芪50克煮水喝了三天，汗少了很多，人也舒服、有劲儿了。

——李子

3. 喝黄芪粥后浑身没劲儿的感觉完全改善。

——lisa

4. 黄芪真的很好。我属于严重气不足，今天喝了一保温杯黄芪水，感觉好久没这么舒服了。曾经一度对自己身休特失望，我要坚持喝。

——李蒙

5. 几年的大便不成形，一喝黄芪粥就成非常标准的大号了。带着两个小孩，每天煮200克的黄芪粥，都不上火。

——朱爱平

6. 六年前，我检查出有胆汁反流性胃炎！那种感觉真的没有办法用语言表达，每次吃饭感觉呼吸不了，晚上睡觉食物倒流、胃灼热，刚吃两个小时又非常饿，手抖、心慌、头晕等等！从80斤，一个月就降到50多斤，整整四五年，不断求医，各大医院各大诊所，什么古方、偏方都试了，中药也喝了几年，完全没有效果！被折磨了五六年，心情没有一天好过，总担心会随时随地晕倒，越来越瘦。直到有一天，家庭医生来家里打吊针，他回诊所的时候告诉我："你每天泡些黄芪喝吧。"反正什么都试过了，就尝试下吧，然后我泡黄芪的时候加上一小把枸杞子，连续喝了一个月，中途没有停过。一个月之后我发现气色好了，以前说两句话就喘气，现在居然不喘了，还胖了5斤。接着喝了三个月，所有以前胃病的症状就都消失了。折磨我这么多年的胃病，就两味药喝好了！

——ebelle Fleur

7. 去年跟着陈老师学做了三伏贴和吃了黄芪粥，身体明显好多了。原先明明很热却手脚冰凉还手心出汗，很难受，觉得很虚！

——笑看花开

8. 这个三伏早上喝黄芪粥身体有力气多了，出汗多就多喝酸梅汤，三伏天不再难熬。

——哈尼

陈皮："治百病"

陈皮是陈旧的红橘皮。吃完红橘以后，橘皮不要扔掉，留下来晾干保存一两年以上，就是陈皮了。

陈皮看似不起眼，却是一味不可或缺的中药。它能"治百病"，如果没有陈皮，很多中药方子就开不出来了。

陈皮有三大功效

1.使脏腑之气畅通。

2.化除体内湿邪。

3.调和脾胃功能。

凡是牵涉"气"和"湿"的病，都能用到陈皮。一般日常生活中常见的小病，不论是跟呼吸道有关的，如风寒感冒、咳嗽痰多、胸闷；还是跟消化道有关的，比如消化不良、呕吐、海鲜中毒、醉酒，除了内热重的情况，吃点陈皮会很有帮助。

读者评论

1. 一直有痰，喝了各种茶方效果都不是很好，可能不对症，乱喝一气。想起家里有陈皮，用少量的开水泡了一个，喝了就睡觉了。神奇的是，前几天还有点耳鸣，第二天早上醒来，耳鸣没那么严重了；再喝一天好了，喉咙也清爽多了。

——若如初见

2. 陈皮真的很好。就吃了一点奶酪，谁知胃就难受了，之后喝了点陈皮蜂蜜水，很神奇，真的很管用。

——智慧果

3. 我以前也是喉咙里有痰，特别是春天更严重，总觉得异物卡在喉咙。我一直用陈皮泡水喝，春天就喝陈皮玫瑰茶，夏天喝荷叶陈皮茶，秋天是陈皮菊花枸杞茶，冬天是陈皮桂花玫瑰茶……喝了近一年，现在咽部完全没有异物感了，咽部清清爽爽的。每次一小块，喝上半年就会有效果。

——快乐每一天

陈皮有一个神奇之处，就是它能"嫁鸡随鸡，嫁狗随狗"。陈皮配补药，能发挥补的功效；陈皮配排毒药，则能发挥排毒的功效。与其他食材或药材搭配，发挥辅助作用是它的专长。

怎样清洗陈皮

自己晾晒的陈皮，用的时候用清水洗一下浮尘就可以了。如果是买来的陈皮，为了保险起见，最好用加面粉的清水泡10分钟，然后清洗干净。

如何在家自制陈皮

1.制作陈皮要选用红橘。红橘的特点一是有籽；二是皮与肉分离；三是口味酸甜，并不是纯甜。蜜橘没有籽，它的皮入药就不行。

2.橘子先不要剥皮。用淘米水或加面粉的清水把橘子泡10分钟，清洗干净表面可能存在的保鲜剂残留。

3.用细盐轻轻地搓洗橘子的表皮，然后清洗干净。

4.剥下橘皮，剥的时候要注意剥成"四瓣花"，方便晾晒和保存。

5.将橘皮放在通风的地方晾干，北方冬季需要1～2星期，南方需要2～4星期。

6.将干透的橘皮装塑料袋或者盒子里密封保存，写上日期，到第二年就可以用了。存放两三年的，药效更好。

7.南方地区潮湿，陈皮容易发霉或虫蛀，最好是每年夏天拿出来晾晒一下，这样就可以长久保存了。只要保存得当，陈皮的保质期可以很长，越陈越好。

如何辨别陈皮的真伪

陈皮应该是红橘的皮，但现在收购时往往鱼目混珠，导致市场上出售的陈皮常常混有橙子与其他品种柑橘的皮。橙皮的药性与橘皮有区别，如果药方里误用了，会影响疗效。

现在药店卖的陈皮很多是切成丝的，我们如何辨别是否混入了橙皮呢？

很简单。为了直观地了解橘皮与橙皮的区别，你可以分别剥开一个橘子和一个橙子的皮，把白色的内层朝上，并排放在一起比较一下，就一目了然了。

橘皮的内层质地很疏松，比较粗糙；而橙皮的内层质地很紧密，表面光滑。这是它们最大的区别。晒干之后，橘皮会卷曲，而橙皮还是平整的。

因此，你只要看一下买回来的陈皮，内层质地疏松粗糙，外形卷曲不平的，就是橘皮；而内层光滑紧密，外形平整的，就是伪品。如果闻一下气味，你会发现，橙皮的香味比较淡；而真正的陈皮，有一股浓郁的香气。味道越香，说明陈皮品质越好。

多数时候，大家买回来的陈皮丝是混杂的，从里面既能挑出橙皮，又能挑出各种品种柑橘的皮。各种品种的橘皮切成丝以后，对于普通人来说，就不太容易鉴别哪一种是真正的陈皮，因为"神仙难认刀下药"嘛。

因此，最好是选整个的陈皮，这样就比较容易看出是红橘的皮还是其他品种柑橘的混伪品。因为红橘的皮色比其他柑橘更红，并且皮很薄，表面的油脂胞特别明显。

读者评论

1. 很多时候，没有对比就不知道道地药材的品质。我买过（市面上的）川陈皮，也买过大红柑自己晒陈皮，还买过道地的珍藏版川陈皮，细细比较一下，同样大小，地道的川陈皮真是轻薄，自己晒出来的川陈皮略显厚重，其他买来的就更不必说了，有不少是橙或柚皮制成的。用大红柑晒出来的陈皮不轻薄，原因就是大红柑经过嫁接后，失去了一部分原有的性状，可见保护道地药材是一件多么任重道远的事！感谢允斌老师为中国传统文化所做的一切努力。

——佩

2. 第一次感觉到了陈皮的厉害。前段时间也不知道吃了什么，喉咙起痰有一个多礼拜了。因为来例假没敢喝鱼腥草茶，我就用陈皮泡水喝了两天，喉咙的痰一点一点咳出来了。这还是药店买的陈皮，今年的陈皮已晒上。陈皮是好东西，现在视它如宝。

——28群读者

姜：不可一日无姜 ▸

小时候家里的早餐常有一小碟子泡姜，是喝粥的小菜。这碟泡姜很受欢迎，全家老小都爱吃。还有个口诀，全家人都朗朗上口：早吃姜，补药汤；午吃姜，痨病戕；晚吃姜，见阎王。

姜是要在早上吃的。早上吃姜，保健养生效果最好。一可以生发胃气，促进消化；二可以振奋精神。而中午以后吃姜容易伤肺，引起肺热。晚上吃姜就更不好了，会刺激神经，扰乱睡眠，影响心脏功能。

吃姜要看早晚，还要看季节。夏天适合多吃姜。

天热，人的毛孔张开，容易感受外邪；同时食物中的细菌繁殖也快，容易病从口入。吃姜可以杀菌、抗病毒、增强抵抗力，还可以解暑。夏天人们爱开空调，爱吃生冷，常吃点姜，暖暖脏腑很有必要。秋天则不适合多吃姜，容易燥热伤肺。

以上说的吃姜的各种宜忌是把姜当保健品专门来吃时的讲究。姜是老天爷送给我们的宝贝，平时做菜把姜当调料，或是入药，是根据需要来用的，不受时间的限制。

居家过日子，可以说不可一日无姜。比如大闸蟹是在秋天吃，那一定要蘸姜、醋。受了风寒，不分早晚，都可以喝姜汤。

姜肉和姜皮是阴阳互补的。姜肉热，姜皮凉。姜肉发汗，姜皮止汗。平时做菜不要去掉姜皮，感冒喝姜汤则要去皮，以加强发汗的力量。

1. 带孩子出了趟远门,中暑了,一直吵着头痛,也没有胃口吃饭;加上晚上开空调被子没有盖好,第二天吃完早餐就呕了出来,想想估计是这两天受寒加上休息不好,抵抗力下降了。给他冲了一杯浓浓的绿茶加姜丝,吃中午饭时就好了。喝了两碗粥,但下午开始低烧,赶紧煮了碗去皮的生姜水给他喝,发了不少汗,直到今天早上都挺好的,没有再发烧。所以只要把症状辨证好了,用对方法一试一个准。

　　　　　　　　　　　　　　　　　　　　　　　　　　　　　——宋宋

2. 前两天吹冷气感觉有点凉,舌苔有点白,昨天下午闷热了一个下午,衣服都有点湿了,结果到晚上就不停打喷嚏,鼻腔热热的,喉咙有点疼,还发低烧了,典型的风寒感冒!回家马上翻看陈老师的书,专治风寒感冒的有两个方子:初期喝生姜水,重感冒喝葱白陈皮生姜水。因为昨晚家里没有葱,就喝了一次生姜水,出了汗就睡觉了。早上起来还有点怕冷,中午喝了一次葱白陈皮生姜水,把葱白也吃了,睡了一个下午,起来就舒服多了,脸色红润了,手脚也暖和了。这次感冒不像以前那么不舒服,要吃两三天感冒药,还会喉咙发痒。这次第一次用了陈老师的方子治疗风寒感冒,太舒服了。

　　　　　　　　　　　　　　　　　　　　　　　　　　　——52群读者

乌梅："引气归原"，清补不上火

乌梅是采摘没有成熟的梅子烘干闷制而成的。"吃梅接命"，梅子延寿的作用，乌梅也具备。炮制成乌梅之后，还增添了清补和健胃的功效。

中国人的"国民饮料"酸梅汤，就是以乌梅为君药来熬制的。

很多人以为酸梅汤是寒凉清火的饮料，其实它并不寒凉，而是清补的。酸梅汤的清补，来源于乌梅的作用。

乌梅能清虚热，补阴虚。夏天人出汗多容易伤阴，而伤阴之后容易引起虚热，比如睡觉出汗，手脚心发热，心里烦热，这就是虚热。乌梅能生津止渴，还能止汗，防止出汗过多伤气、伤阴。

乌梅不是夏天才用，四季都可以用。人体秋收冬藏，如果收藏不力，可以用乌梅来帮助。

乌梅的最大好处是可以"引气归原"。人体的五脏之气如果不走规定路线，就会发生问题。比如，肺气如果往上逆行，就会引起咳嗽。而乌梅能把人体内乱窜的气收回原位，这叫理气而不伤气，既纠正了气的逆行，又不伤害人体的正气。

感冒、咳嗽初起时不要吃乌梅。

乌梅的挑选与真假辨别

超市里的话梅不是乌梅，乌梅是一味中药，在中药房可以买到。

假乌梅的鉴别

这些年经常发现乌梅有掺假的现象。有的用桃子、李子、杏的幼小落果来冒充。

尝——桃子冒充的乌梅味道不够酸。

看——剥掉果肉看果核，李子、杏的果核外观有点不同，梅核表面有凹点，李核、杏核的表面没有凹点。

劣质乌梅的鉴别

现在采用传统炮制方法的人越来越少了，很多是用煤熏和染色，用煤炭甚至硫黄快速烘干梅子，染成黑色。

劣质乌梅煮出来的梅汤色香味都不佳，因此现在酸梅汤配方越做越复杂，掺入各种材料来调色调味，喧宾夺主，已失去了乌梅为君药的本义。

乌梅传统的炮制方法是非常讲究的

采摘半黄梅子，炕焙两到三天，炕下面放上干草和树枝燃烧，利用烟来熏制梅子，熏到颜色棕褐，起皱皮；再闷制两到三天，直到果皮和果肉都变成黑色，就成了道地的乌梅。

鉴别点：

劣质乌梅——梅子整体呈现均匀的黑色，煮出来的汤色浑浊，有焦味。

道地乌梅——颜色不均匀，煮出来的汤色清亮，喝起来酸中微苦，并有一种淡淡的草烟味。

读者评论

长红疤，用老师茶方乌梅生地汤（药店买的材料），有效果，可还是继续发作，无比地痒，每天没有食欲。上周觉得自己汗很多，喝了两天家里的乌梅甘草汤（甘草陈皮梅子汤），意外发现红疤全部不痒了，变成皮肤表面的色素沉淀。由衷地感慨，食材的质量差异，带来不同的效果，真的不是老师的茶方起效太慢。

——33群读者

桃、李、杏是中国人传统的水果。它们都有果核，果核里面有果仁。果仁是果树的种子，是植物的精华所在。桃仁、李仁、杏仁都是可以入药的。

杏仁是润肺止咳的。平时大家常吃的"大杏仁"其实不是杏子的果仁。杏子里面的杏仁是小小白白的，只有小指指甲盖这么大。杏仁有两种：苦杏仁和甜杏仁。苦杏仁是做药的，有少量毒性，它能治咳嗽、气喘。甜杏仁可以当菜吃，是补气的，有润肺润肠的作用。

桃仁、李仁对于便秘、哮喘和妇科病都有作用。李仁是活血的，桃仁效果更厉害，是破血的，可以用来调理身体内有血瘀的情况。

桃仁、李仁、杏仁都有美容的作用。爱长痘的人，可以用桃仁；脸上有斑的人，可以用李仁；皮肤粗糙的人，则可以用杏仁。

切记：孕妇忌用桃仁、李仁。

怎样自制桃仁、李仁

药店可以买到桃仁、苦杏仁。甜杏仁最好是去商店购买，自己收集的话，要注意不要误用苦杏仁。桃仁、李仁则可以在家自制。

方法：

1.把桃核或李核砸开，取出果仁，放入开水锅里煮一下。

2.煮到果仁外皮有点发皱了，捞出来，放入冷水里泡凉，然后剥掉外皮，去掉尖头，用铁锅干炒到微微发黄，晾干保存。

注意几点：

1.新鲜的生果仁含有微量的氢氰酸，有微毒，要加工过才可以吃。

2.果仁外面包裹着一层果皮，这层皮的药效很强。如果要连皮用，建议先咨询医生。最好将果仁去皮，炒一下，这样比较温和，不会太伤身。

3.果仁的一头扁，一头比较尖，这个尖头也要去掉。

荷叶：升清降浊，越喝越瘦 ·

我喜欢把荷叶比作药中的淑女，它的味道苦涩中带着清香，功效温柔平和。能平息心火，解暑邪，却不寒凉；能提升脾胃之阳气，祛湿气，却不燥热。荷叶有一个很大的好处，就是可以升发清阳。这个功能很重要，人体的清阳之气往上走，浊阴之物才能往下降。清阳不上升，人就没精神，感觉头昏，面色发黄。浊阴不下降，水湿和废物排不出去，人就会出现消化不良，吃一点东西就肚子胀，或者打嗝、呕吐。荷叶帮助人体升清降浊，也就改善了脾胃的功能。

荷叶是微碱性的，能抗疲劳，缓解压力，又能降脂减肥。它可以中和过多的胃酸，有胃酸过多型胃炎、胃溃疡的人常喝，有养胃的作用。

荷叶是"刮油"的，营养不良、身体瘦弱的人不要多用。

10年前荷叶还需要去中药店买，现在我们可以很方便地买到干荷叶和炒荷叶茶，夏天也可以买到新鲜的荷叶。

如果需要长期喝荷叶茶减肥，或者秋冬季想喝荷叶茶，最好是用炒制的荷叶茶，也就是炒荷叶。

允斌 叮嘱	1. 荷叶是微碱性的，若您不是湿热、胃酸过多型体质，秋冬季最好是配上山楂或是陈皮来喝，对脾胃更好。 2. 女性经期不要喝荷叶茶。

自制荷叶茶

1. 在清晨阳光晒到荷叶之前，摘取还没完全长开的嫩荷叶。

2. 将荷叶洗干净，去掉叶脉，切成丝，然后按做绿茶的方法，放入无油的炒锅，快速翻炒，把荷叶炒软。

3.装到竹子做的筲箕里，趁热用手揉制。

4.再次入锅重炒，然后取出揉制。

5.这样反复几次，直到荷叶被揉成颗粒状。

6.最后再放入炒锅，轻轻地翻炒几分钟，然后关火，让锅里的余温把荷叶彻底烘干。

注意：炒的温度要控制在小火，反复地多炒、多揉几次，使荷叶的清香融入火香。这样炒出来的荷叶会比生荷叶更好喝。

功效：炒制的荷叶不能解暑，但健脾、减脂的作用更强，对经常流鼻血的人有调理作用，同时还能缓解夜频尿多的症状。

读者评论 -

1. 原来每年这个季节脚底总会起小水泡，今年有了早餐的顺时粥和荷叶茶，脚底的水泡基本消失。

——范范

2. 荷叶茶，喝了感觉身体变轻松了。之前脚踝总有一小块疹子，擦了药也会反复，喝了几天荷叶粥居然消失了，神奇。

——兰兮

竹茹：孕妇、小孩都能用的良药 ·

竹茹也叫作"竹二青"，是把竹子外层的青皮刮去后，把中间的那层刮成一条条的，晒干制成的。中药店可以买到的一般是成团的。竹茹很轻，10克就有好大一团。

竹茹是用来化热痰的药，它有清热、凉血的作用。它的作用是很平和的，所以也可以用来调理孕妇和小孩的病，比如妊娠呕吐、鼻出血、牙龈出血。

竹茹有清热凉血的作用，清的是上焦的火：

1.清心火，凉血。2.清肺火，化痰。

3.清肝火，除烦。4.清胃火，止吐。

竹茹是凉性的，可以止胃热呕吐，但胃部受寒后呕吐的人不适用。

竹茹与陈皮相配可散热排浊，再加上蚕沙可以快速退热。

竹茹的挑选

不是所有的竹子都可以做竹茹，入药要求用淡竹、大头典竹、青竿竹。

道地的竹茹药材，是选取生长一年的嫩竹，在冬天采伐，只取刮掉外皮后的头一层青皮。

竹茹的伪劣品比较常见，一般是掺杂竹竿的白色内心、竹工艺品加工时刮下的废竹丝，或者用产量极高的毛竹等其他品种竹子来做。

鉴别点：

伪劣竹茹——颜色不正，气味淡或者有异味。

正宗竹茹——颜色青绿，有明显的竹子清香。

读者评论

今天喉咙痛、干、紧，煲竹茹牛蒡水喝，很快就缓解了，效果很好。

——金

芫荽，北方俗称香菜，它是心脾两脏的保健菜。香菜能提升心胸的阳气，又能激发脾的功能。

有的人感冒后调理不当，呼吸道炎症没有好，影响心肺功能，会产生胸闷的感觉，甚至睡觉时心脏怦怦跳把自己吓醒。香菜能帮助预防这种感冒后遗症。

吃牛羊肉时最好配香菜，不仅去膻气，还能增强消化能力，避免肉食积滞在肠胃里。

哪些人适合吃香菜

肠胃消化不良、寒性体质和胃寒胃痛的人。

下列几种人不适合吃香菜：

1. 胃热的人，吃多了会口臭。

2. 出汗多，特别是汗味重的人，吃多了会加重体味。

3. 气虚的人，吃多了会更气虚。

4. 手术后的病人，吃多了容易造成瘢痕增生。

5. 皮肤过敏或是大病初愈的人，吃多了容易引起病情反复。

香菜的根部药性很好，吃的时候不要扔掉。

注意： 吃了香菜，不要晒太阳，否则可能使人产生光敏反应，容易发生日旋光性皮炎，或是使皮肤变黑。

读者评论

昨天晚上给老公来了份手抓香菜，今天早上醒来他对我说感觉胸口特别舒服，赶紧分享给他那些心脏不好的哥们儿。今早再来一份！

——27群读者

马齿苋是一味中药，也是一种野菜，北方有些地方把它叫作马须菜。

很多野菜有地域性，而我发现，几乎从南到北的人都会吃马齿苋。它的生长范围也广，从东北到海南，全国到处都有；多冷的地方，多热的地方，它都能生长，而且不择地，只要有一点点土就长得挺好。田间地头，房前屋后，但凡有个空地，都能采到马齿苋。

如果采摘马齿苋来晒干菜，你会发现无论怎么晒都晒不干，必须用水焯过，或者用草木灰揉制。

马齿苋这种强大的抗晒抗菌能力，特别适合用于皮肤急救。

如果脸上的痘痘化脓了，可以取新鲜马齿苋捣碎，敷贴在痘痘中小白点的周围，用它追脓；晒伤后也可以用它进行紧急护理。

马齿苋被称为长寿菜，它有很强的保肝作用。植物中，它的 Ω-3 脂肪酸含量最高，可以与海鱼相比。Ω-3 脂肪酸可以降低胆固醇和甘油三酯，防治心血管疾病。

马齿苋性寒凉，却不凉胃，它专门清除心、肝、肺和大肠之热。它对于肠道的保护作用尤其好，能排出肠道毒素，对于痢疾、便秘都有调理作用。

马齿苋有滑胎的作用，孕妇不要吃。腹部受寒引起腹泻的人，正在服用鳖甲这味中药的人，不要吃马齿苋。

怎样找马齿苋

马齿苋的茎是红色圆柱形的，叶子肉质肥厚，很好辨认，可以自己采摘。有的菜市场也有新鲜马齿苋出售。如果找不到新鲜的，可以到中药房去购买干品。

1. 马齿苋对吃不洁食物拉肚子真的是特效药。我先生有时与友人在外面吃喝,偶尔吃到不洁食物拉稀厉害,我就煮上马齿苋水,浓浓地让他喝,缓和一点后再煮干鱼腥草水也逼着喝一杯,一天就完全好了。

——12群读者

2. 眼睛发红、上火且有黏黏的分泌液,把马齿苋入水焯2分钟,放点白糖温后全喝了,中午将马齿苋用蒜末与少许油盐拌了当蔬菜吃……1个多小时,我的眼睛完全好了。夏季来了,每年都会感受到马齿苋的好处!

——12群读者

3. 马齿苋太好了。在大太阳底下玩了一天,第二天我的嗓子哑了,但不疼,后来好了就一直干咳,特别是夜里咳。孩子舌苔发黄厚厚一层,扁桃体也有点发红。楼上阿婆种了好多马齿苋,跟她拿了一些,榨汁加上荆条蜜,喝了两天,孩子的咳嗽止住了,我一直以来的干咳也止住了。肺和大肠相表里,今天拉大便也超利索。

——小蕾

4. 昨天吃了凉拌马齿苋,喝了马齿苋糖水,睡觉前意外发现马齿苋真的祛肝热,效果杠杠的,舌头两侧多年的红点变得很淡,若隐若现快看不见了。

——温暖

5. 儿子下午连着拉了两次肚子,蛋花样,有黏液,呈黄绿色。我连忙去楼下买了一把马齿苋,用面粉水洗净,热水焯过2分钟,叶子蘸糖给儿子当零食吃了几口,焯过的水加白糖送服。竟然好透了,止住了泻,刚才的便便已成形。老师书上看来的方子,确实有效。对症湿热型腹泻,尤其是细菌性痢疾,马齿苋有双向调节的特效。

——娜娜

6. 我两边腮帮子肿了,把马齿苋捣碎敷在脸上,用开水煮马齿苋,加点白糖喝了两回就好了。

——林林

7. 我这几天脖子上有一小片总是痒,用了风油精之类的都不管用,我就试了一下将马齿苋捏碎涂抹,真的就一下,到现在再没痒过。

——圈圈

芹菜根：排肾毒的"清道夫"

植物越接近根部，药性越好。大家一般把芹菜根切下来都扔掉，很可惜，其实它是肾的清道夫，可以帮助肾排出湿毒。

肾湿毒淤积有什么后果呢？会引起湿疹反复发作、下颌长痘。特别是男性，许多人爱喝酒，吃很多肉食，容易造成肾有湿热，有的人会在腰上长湿疹，有的人则会出现小便疼痛、小便出血，甚至小便像洗米水一样发白、混浊。平时多用芹菜根，可以帮助肾把这些毒及时排出去，让肾保持清洁。

芹菜有三种：西芹、药芹和香芹。西芹当菜吃很脆嫩，但药性最弱。药芹就是传统老品种的中国芹菜。香芹的秆很细，叶很嫩。香芹和药芹的作用相近，如果要区别的话，香芹偏于清肺化痰，药芹偏于平肝利湿。降血糖可以用香芹，降血压就用药芹。

怎样使用芹菜根

把芹菜根用热水加上面粉泡洗 10 分钟以上，用清水洗干净，再用开水烫一下。可以直接用新鲜的，也可以晒干备用。

读者评论

1. 下巴长痘吃凉拌芹菜根或喝芹根陈皮水有奇效。前几天我因为下焦湿热导致下巴长了一个带白脓点的痘痘，特意买了带根的香芹，用香芹根凉拌，再加上用干品鱼腥草煮水，起痘的第二天晚上就完全消了，痘痘都找不到了。

——海丽

2. 每次月经来的前十天，下巴会爆痘，要很长时间才会消，一碰就疼。这次长痘特意去买了香芹，吃了一次凉拌香芹根，第二天痘痘就消了。

——28群读者

3. 老公左下颌一直长大疙瘩，用了好多方法都不管用。那天看到老师视频，说吃芹菜根可以祛下焦湿毒。老公吃了两三次，最近居然不长疙瘩了。

——32群江南

4. 最近总是觉得心慌慌的，闷气、缺氧，叹气才舒服。吃了本地芹菜，舒缓了很多，满口生津。

——50群莹

鱼腥草：天然 "万能消炎药"，还能抗过敏

鱼腥草既是中药也是一种野菜，现在几乎都是人工栽培的。有的地方把它叫作"折耳根"，有的地方叫"摘耳草"，还有叫"猪鼻孔"的。它的古名叫蕺菜，是古人常吃的，越王勾践还曾采蕺菜治他的口臭。后来这个传统只在南方部分地区保留下来。现在无论南方北方都能买到新鲜的鱼腥草了。

鱼腥草是天然安全的植物抗生素，清热、消炎、抗病毒作用很强。人体全身各处，不管哪里有炎症，都可以用到鱼腥草，它对于各种细菌、病毒引起的感染都有疗效，上可以治上呼吸道感染，下可以消除泌尿系统炎症。在风热感冒初起的时候，马上喝一些鱼腥草水消炎，就可以退热。

鱼腥草可以说是"万能消炎药"。它的功效实在是太好了，我跟身边的所有朋友都推荐过：家里一定要存放一些，以备不时之需。

一般而言，抗生素都有副作用，而鱼腥草是食物，没有毒性。卫生部已经指出，滥用抗生素毁了中国一代人，所以，生活中的小毛病，能不用抗生素的时候，尽量不要用。

鱼腥草的其他功效

抗过敏：当接触过敏原或日晒后，皮肤出现颜色发红的小疹子，可以用新鲜鱼腥草榨汁喝。

退热：能调理风热感冒、炎症引起的发热。

抗辐射：是唯一经过验证可以抗核辐射的食物。

鱼腥草用新鲜的效果最好。但新鲜鱼腥草有独特的气味，喜欢的人爱得不得了，不喜欢的人完全接受不了。不喜欢鱼腥草味道的人，可以用干品。干鱼腥草泡茶是没有什么味道的，淡淡的，有点像红茶。每次用的时候，抓一把就可以，它是食物，剂量不需要十分精确。

新鲜鱼腥草在菜市场和超市有售，干品鱼腥草可以到药店购买。

1. 鱼腥草特别好，有一段时间每到洗脸的时候，鼻子里面就会刺痛，我就拿鱼腥草熬水喝，只喝了三天，这个症状就消失了。

——九九

2. 鱼腥草茶是一款让我最早受益，并且完全颠覆我三观的神奇水，我家里已经好多年不买抗生素和消炎药了，不管是哪里发炎，随时冲泡，真的是又方便又便宜又好用！

——ggsinging

3. 鱼腥草对一般的感冒咳嗽都疗效显著，又简单方便。对妇科小炎症也有奇效。

——xiong熊

4. 前几天过敏，喝了几次鱼腥草茶就消炎祛痘了。

——清净之心

5. 我自己在咳嗽时喜欢用鱼腥草煮水，因为我有时候分不清是什么原因引起的咳嗽，心里想反正是食物，没有炎症了，病就不会变得严重。还有我母亲有尿道炎，严重时看着像血尿。每次病发，我都用干鱼腥草煮一大锅水叫她喝，每次都是不出半天，病保证好！

——欣欣而来

6. 我之前经常出差，饮食不规律，还总吃辣椒，后来得了妇科炎症，白带发黄，有异味。我看到书上说鱼腥草是天然的消炎药，抱着试试的心态，喝了一个星期后，白带正常，没异味了，效果非常明显，比之前去医院的效果还要好。

——小林

7. 老妈经常用鱼腥草煮水，只要感觉喉咙不舒服，快感冒时就喝。老妈现在对它特佩服。

——细雨轻愁

8. 我同事在哺乳期，嗓子发炎，因为不能使用药物，我就让她喝鱼腥草水，喝了2天就好利索了，特意感谢我，要我邀请她入群一起学习。感觉鱼腥草真是天然的消炎药，真的很神奇。

——粒粒肥

9. 5岁小朋友嗓子疼，哑了，喝了三天鱼腥草煮水加老蜂蜜好了。

——狮子座的狮子

10. 喉咙痛加黄痰，喝了几天鱼腥草水好了，感谢陈老师。

——瑾娴

11. 我怀孕和哺乳期都喝鱼腥草水，尤其是冬天嗓子疼的时候，喝了第二天就好了。哺乳期发烧，也会喝点鱼腥草水消炎，很快就好了，也没影响喂宝宝。

——莫小莫

12. 昨天女儿来电话说高烧39℃，没有别的明显症状。我丫头（一个在校寄宿的高中生）平时回家也挺喜欢看老师的书，于是她去买了鱼腥草干煲水喝，睡了一觉，今天说已经没事了。

——8群读者

13. 我在北方，每年到冬天有雾霾的时候鼻子和喉咙会痛，还因为暖气太热屋里干，会经常地流鼻血。今年喝着鱼腥草和牛蒡茶，没有流过鼻血，喉咙鼻子也没有难受过，逢人就推荐鱼腥草，好多亲戚朋友一起喝起来了。

——27群读者

14. 最近深夜总是有点儿咳嗽，白天没啥感觉。昨天早晨起床后感觉嗓子疼，就尝试用鱼腥草熬水喝，昨晚真的没有咳嗽，而且嗓子也不疼了，真是太神奇啦！

——午后阳光

15. 允斌老师您真神了，前几天牙龈突然肿了，整个半边脸都胖了很多。家里人让我吃消炎药，我没有吃，就用老师您推荐的鱼腥草，泡得浓浓的，喝了两三天就好了。真是神奇的鱼腥草啊！老师您的养生方真是让我受益匪浅。

——兔宝宝

16. 觉得排尿不畅、感冒咳嗽、有雾霾的时候，就照老师的书中的方法喝鱼腥草煮水，确实解决了这些问题。

——静守己心

17. 健康就是从每一顿饭、每一口水做起。我儿子青春期脸上起很多痘，但比青春痘严重很多，最严重的时候需要去医院排脓。有幸在一次讲座现场咨询陈老师，她说我儿子有血毒，需要喝新鲜的鱼腥草汁。我照着陈老师的方子给儿子喝了4天，现在脸上再也没起过大脓包，痘痘少了很多。

——尤艺霖

18. 跟着老师顺时生活以后，感觉以前的一些小毛病渐渐消失了。我最受益的就是鱼腥草，让我多年的妇科炎症没有了。

——冰淇淋

19. 这次小宝早上开始发烧，没到39℃，到医院检查有炎症，炎症指数很高。医生建议输液，我没同意，配了点药。回家马上去买了1斤鱼腥草，榨成汁，喝了两次，早上烧就退下去了，后来没再升上来。感谢允斌老师的分享，让娃少受很多罪！

——小花

20. 最明显的就是我用新鲜的鱼腥草榨汁给我老伴治疗咳嗽，连喝三天就好了，一点其他的药也没吃，很好很高兴。

——阳光心情

牛蒡是一种蔬菜，长得很像山药，比山药还要细长一些，很长的一根。以前中国人吃得不多，日本人吃得比较多，认为它的保健效果特别好，甚至给它取个名字，叫作"东洋参"，其实牛蒡原本是我们中国的东西。

在大山里采药时，我见过野生牛蒡，那叶子碧绿硕大，根入地三尺，显示出蓬勃的生机，所以本地人才以"牛"名之。

这种生机勃勃的植物，对我们的生命也有特别的帮助。牛蒡是保健作用很强的蔬菜，适合全家人每天食用。

牛蒡含有抑制肿瘤生长的物质，可以抗癌。

它有洁血排毒的功效，有助于降血脂、降血压、预防胆结石。

中医用牛蒡的种子入药，叫牛蒡子，用来治疗咽喉肿痛。牛蒡也有这个功效。扁桃体发炎红肿时，可以把新鲜的牛蒡洗刷干净，榨汁来喝，可以消肿。

牛蒡通便的效果立竿见影，适合调理胃热、有实火导致的大便干燥、便秘。

怎样挑选好的牛蒡

牛蒡老了会木质纤维化，吃起来很硬，质地细嫩的牛蒡才好吃。买的时候要选择整根笔直、粗细均匀的。用手抓住牛蒡的粗头把它拿起来，如果前面的细头自然下垂，就说明这根牛蒡比较鲜嫩。

牛蒡怎么处理

牛蒡含铁量很高，切开后很快就会发黑。为了避免变色，切牛蒡的时候要准备一盆清水，把切好的牛蒡泡在里面。

1. 这个牛蒡茶真有效，这几天嗓子不舒服话说到一半声音就出不来了，刚喝几口竟然可以说完一整句话了，陈老师太厉害了!

——9群读者

2. 今天中午在单位食堂吃的菜又麻又辣，估计放的调料比较多，下午嗓子疼。泡了一杯浓浓的鱼腥草加牛蒡，喝完就不疼了，真是太棒了。

——小丽

3. 我昨晚牙龈肿，喉咙疼痛，喝了一碗牛蒡水，过了1个小时喉咙就不痛了。

——思语

4. 喝牛蒡茶不仅对身体好，还能减肥呢。我一直在喝牛蒡茶，皮肤光滑，体重也有下降。

——安和

5. 喝牛蒡茶已有一段时日。第一好：大便好解，而且排毒效果非常好，大便基本上没以往不好闻的气味；第二好：我的敏感点——嗓子，以前只要有点受寒，第一反应就是嗓子很不舒服，现在基本上没有嗓子难受的现象。有一次脖子上长了一颗又红又大的痘，很痛，喝了两天牛蒡茶慢慢消了下去。好像喝牛蒡茶还有减肥的作用，感觉体脂没有那么多了。

——可儿

6. 我儿子额头上长了青春痘，我就用牛蒡泡茶给他喝，真的有效哦! 额头上只有少数几个了。小偏方解决大问题。

——似水流年

7. 牙龈肿，喝了此茶有改善，我喝了五天左右。

——读者朋友

8. 喝过，熬夜后去火。

——读者朋友

丝瓜：全身各处的热毒都能清

小时候，妈妈爱在家里阳台上种丝瓜，后来我自己也种。其实家里种丝瓜，一个夏天下来也结不了几个，但我们要的不只是瓜，而是丝瓜的各个部分。

丝瓜整株都有药用价值：瓜肉、瓜皮、瓜蒂、瓜子和丝瓜络有清热消肿的作用，丝瓜花可治肺热咳嗽，丝瓜叶可治皮炎，丝瓜藤可治慢性支气管炎，丝瓜根可治鼻窦炎。

不管是用丝瓜的哪个部分，它们的基本作用都是清热毒。人体全身上下，只要有滞留的热毒，都能用到丝瓜，比如痰黄咳嗽、咽喉肿痛、皮肤红肿、大便干结、痔疮等。

秋天丝瓜老了之后，药性更好，有疏通人体络脉的作用，能通乳汁，还能祛风湿，对痛风病人很有帮助。如果找不到老丝瓜，可以去药店买入药用的丝瓜络。药店卖的丝瓜络有两种：一种是普通丝瓜去掉皮晒干的，称为丝瓜络；另一种是粤丝瓜连皮一起晒干的，称为丝瓜布。粤丝瓜产于广东，它的形状比较特别，带有 10 条棱。两者的效果是差不多的。

丝瓜是清热毒的，所以它特别寒，阳虚的人不能多吃，吃的时候一定要配姜。

读者评论

1. 鼻窦炎发作，头又很痛，往常早跑医院了。这次我就取了50克丝瓜根三煎三煮喝了一天，白天黄鼻涕确实没有了，但次日早上醒来黄鼻涕又出现了。索性第二天照旧喝丝瓜水，加上30克鱼腥草三煎三煮。今天睡醒鼻涕已经清了，呈现淡淡的黄色，额头也不痛了，鼻窦炎好了大半。

——喵喵喵

2. 我女儿怀孕期间嗓子疼，不能吃药，我用老师的丝瓜根冰糖煮水的偏方，喝后马上就好了；然后我又把偏方推荐给我妹妹，她也喝好了！

——京津乐道

3. 宝宝手心热，发痒，不小心抓伤了，马上去摘早上有露珠的丝瓜叶，把丝瓜叶捣碎取汁，擦了两次，今天结疤了。

——3群读者

莲子心：专门去心火，安眠

　　莲子心是莲子里面那根细细的绿芯。有些人不喜欢它的苦味，就给去掉了。市场上买的莲子，有一些直接去除了莲子心。

　　其实，莲子虽然补，却容易引起便秘，如带着莲子心吃就好多了。一般人吃莲子，最好是不要去莲子心。

　　莲子心的功效很好，它是专门去心火的。它虽然寒凉，却不凉脾胃。而且它清心火不是像一盆冰水将火扑灭了事，而是由心走肾，将心火下引到肾，从而坚固肾脏；又将肾水上引到心，从而平息心火。因此，莲子心对于心肾不交型失眠很有帮助。

　　简单地说，当心火扰乱心神引起心烦失眠的时候，就可以服用莲子心。

我们都知道冬瓜是清热利水的。它的籽、皮和瓤也有这样的作用，而且功效各有侧重。

广东人用冬瓜煲汤，冬瓜皮是会留下一起用的，这样清热利水的效果才好。冬瓜皮偏寒性，热性体质的人用可以清热，祛除体内多余的水分。

吃了冬瓜，可以把瓜瓤留下晒干。冬瓜全身都凉，只有冬瓜瓤基本不凉，比较温和。怕寒凉的人可以用冬瓜瓤利水；想美白的女性，可以用新鲜的冬瓜瓤煮水洗脸。

冬瓜子入肾，专门帮助肾脏排出浊水。人体的浊水，是体内炎症和感染引起的。这种水是混浊的，带有颜色，比如说黄痰、小便黄、女性白带发黄；严重的就是脓，比如化脓性肺炎是肺部有脓，阑尾炎是肠道有脓，需要及时就医，在饮食上我们可以用冬瓜子辅助调理。

保存冬瓜子也不麻烦。吃冬瓜的时候，把瓤掏出来晾干，再把冬瓜子取出来保存就行。

吃冬瓜最好配一点虾皮或者海米，以免寒凉伤胃。

茴香分大小。大茴香很大，有八个角。小茴香长得有些像孜然，是茴香的种子，也叫小茴香子。它们都是做菜用的调料。

小茴香在古时有个好听的名字叫作"怀香"，它有独特的香气，这种香气经久不散，加热以后更加浓郁。炖肉时放一点小茴香很提味，还能帮助消化。

小茴香是大补肾阳的，适合肾阳虚的人常吃。它能温暖人体的下焦，又能理气。凡是身体的下半部分有寒湿、气滞、疼痛等情况，比如痛经、腰痛、肠痉挛、遗尿等，都可以用它调理。

小茴香也能暖胃，可以调理慢性胃病，对于胃寒引起的慢性胃炎、胃溃疡、胃下垂、胃神经官能症等有效。

胃寒的人，脾胃消化能力弱、消化不良，甚至胃痛、呕吐酸水的人，适合吃小茴香。

胃热的人，容易上火，比如口干、口苦、口舌生疮、牙龈肿痛、小便黄、大便秘结，严重时会胃痛，有的人会感觉特别容易饿，吃得很多却吸收不到营养。这种人就不适合吃小茴香。

读者评论

1. 前段时间不小心胃有点受寒，每天一到晚上就感觉胃胀胀的，一直排气。昨天想到小茴香可以暖胃，泡玫瑰花茶时就顺便抓了一把，跟玫瑰一起泡水喝，今天晚上胃感觉舒服很多，明天继续。老师的书成了我的家庭医生，感恩！

——秀梅

2. 这两天身上又湿又热，想起去年试了甜杏仁拌茴香，效果不错，就吃起来了！成都外面很少有卖茴香菜的，就抓了把小茴香种在花盆中，没想到这么好种，长势喜人，这下不用担心没的吃了。

——22群读者

3. 我同事腰痛不舒服，用了茴香盐包很快就好了。

——33群读者

醋：排毒，舒缓压力 ◦

据说古人造酒，把剩下的酒糟放在缸里，无意中酿成了醋。因为它带有苦味，所以也把醋称为苦酒。

凡是带有糖分的东西都能酿成醋。西方人用水果和葡萄酒酿醋；其实古代中国人也用葡萄、桃子、大枣和其他杂果酿醋，其他原料还有蜂蜜、糠糟等，但最好的还是米醋。入药的时候，要用米醋，而且最好是两三年的陈醋。

买醋的时候要注意，现在商店里卖的醋，有些不是酿造的，是食用醋酸加上调味料和人工色素勾兑的。特别是白醋，这种现象很普遍。如果保健饮用的话，还是要用传统粮食酿造的。过去酿醋基本上也会加色素等添加剂，现在有一些好的厂家，推出了不含添加剂的天然酿造醋，买的时候可以仔细查看标签来选择。

醋是酸味的，却能让人体的体液偏向碱性，因此有排毒、舒缓压力的作用。

醋入药，可以散瘀消肿，可以止血，还能解鱼肉菜的毒。

注意：女性经期不要吃醋。

读者评论

我是属于油性肌肤的人，鼻子、嘴边、下巴老是会长黑头，每隔一个星期或十来天要去美容院用机器吸；如果不去吸的话，毛孔里面的脏东西就会作怪，发炎长痘。但去美容院只能把大个黑头吸出来，鼻子两边始终布满了小小的黑头，长年都是这样，感觉脸从来没有洗干净过。看了陈老师的方法，玫瑰醋和水一样一半兑上，喷在脸上，虽然有一点刺痛感，但是一个星期后鼻子和嘴巴周围的黑头没了，毛孔不堵塞了，皮肤看上去很嫩很健康。几元钱的成本就解决了我的问题。同时用它来喷手，手上的干纹减少，皮肤白嫩了不少。真的太神奇了！

——芳姐

图书在版编目（CIP）数据

茶包小偏方，喝出大健康 / 陈允斌著 . -- 长春：
吉林科学技术出版社，2019.10
ISBN 978-7-5578-5491-1

Ⅰ . ①茶… Ⅱ . ①陈… Ⅲ . ①保健－茶谱 Ⅳ .
① TS272.5

中国版本图书馆 CIP 数据核字 (2019) 第 189340 号

茶包小偏方，喝出大健康
CHABAO XIAOPIANFANG, HECHU DAJIANKANG

著　　者	陈允斌	
出 版 人	李　梁	
责任编辑	隋云平	
策　　划	紫图图书 ZITO®	
监　　制	黄　利　万　夏	
特约编辑	马　松　张久越	
特约摄影	鞠倚天　李景军	
营销支持	曹莉丽	
幅面尺寸	165 毫米 ×240 毫米	
字　　数	500 千字	
印　　张	38	
印　　数	54001—69000 册	
版　　次	2019 年 10 月第 1 版	
印　　次	2023 年 5 月第 6 次印刷	

出　　版	吉林科学技术出版社
地　　址	长春市净月区福祉大路 5788 号出版大厦 A 座
邮　　编	130018
网　　址	www.jlstp.net
印　　刷	艺堂印刷（天津）有限公司

书　　号	ISBN 978-7-5578-5491-1
定　　价	169.00 元（全二册）